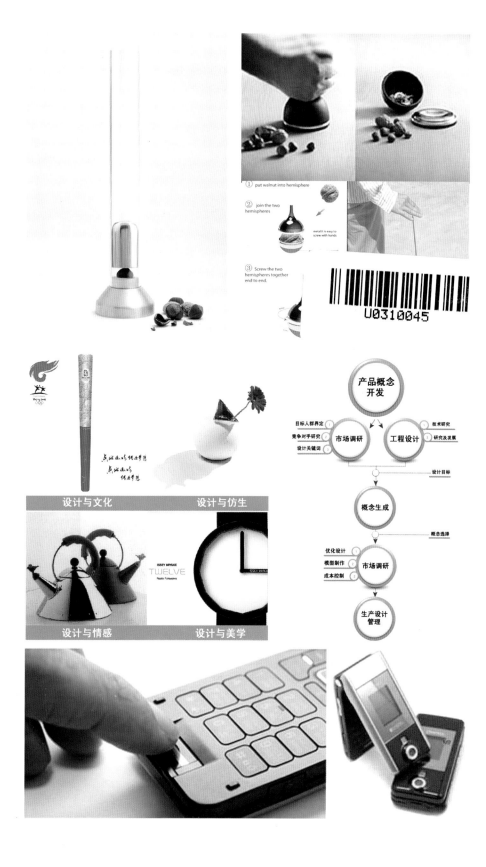

① put walnut into hemisphere

② join the two hemispheres

metal it is easy to screw with hands

③ Screw the two hemispheres together end to end.

U0310045

设计与文化　　设计与仿生

设计与情感　　设计与美学

TWELVE

ISSEY MIYAKE
Naoto Fukasawa

产品概念开发

目标人群界定　　技术研究
竞争对手研究　市场调研　工程设计　研究及发展
设计关键词

设计目标

概念生成

概念选择

优化设计
模型制作　市场调研
成本控制

生产设计管理

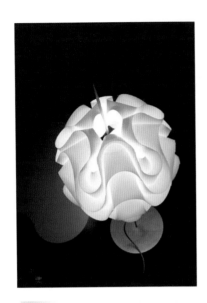

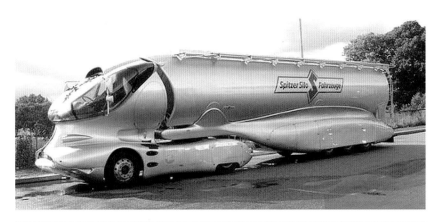

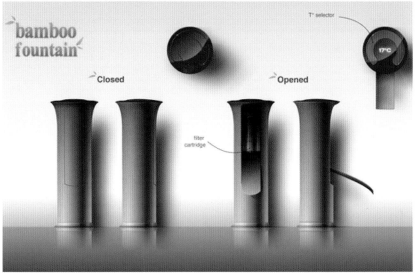

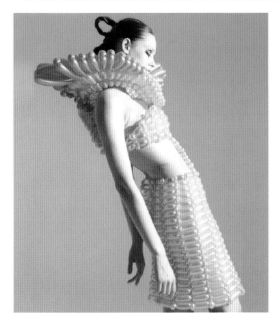

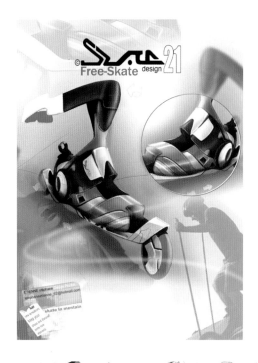

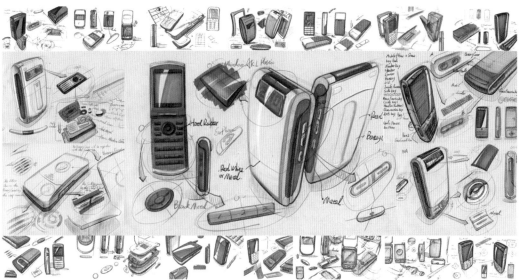

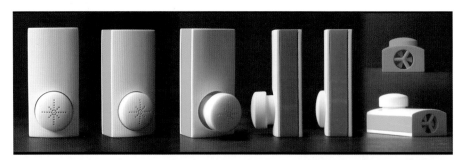

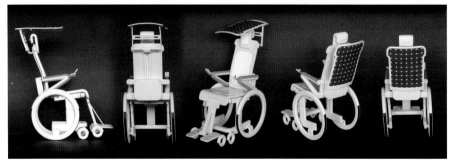

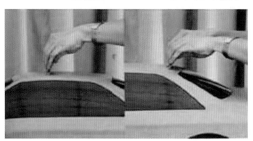

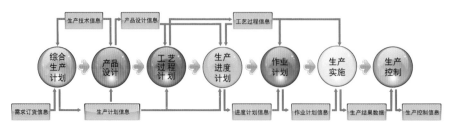

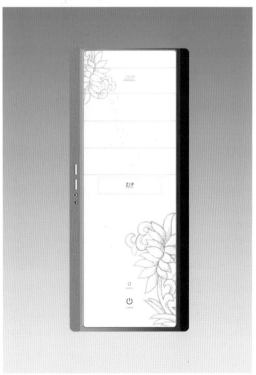

高等教育工业设计专业"十三五"规划教材

产品设计程序与方法

主　编　王俊涛　肖　慧

副主编　刘　婷　秦　臻　王新燕

　　　　贾乐宾　王晓娜

参　编　范大伟　薄其芳

中国铁道出版社

CHINA RAILWAY PUBLISHING HOUSE

内 容 简 介

"产品设计程序与方法"作为工业设计学科的专业课程之一,集造型艺术、产品技术、制造工艺、创造科学、市场经济学、管理学于一体,高度综合工业设计专业所涉及的知识与技能、理论与实践,形成课程整体系统内容。

本书共分 6 章,详尽论述了工业设计程序与方法所涵盖的知识体系,重点讲述了产品改良设计程序、产品开发设计程序、产品设计的方法(包括:仿生设计法、移植设计法、替代设计法、类比设计法、组合设计法、缺点列举设计法、特性举例设计法、愿望满足设计法、头脑风暴设计法、逆向思维设计法、标准化设计法等)、产品设计的相关理论(包括:设计管理、人机工程学、设计心理学、产品符号学、设计美学、形态语意学、CAD 与 CAM 相关理论、产品系统设计理论、设计评价理论等)、先进的设计理念(绿色设计、人性化设计、通用设计、民族化设计、并行工程、虚拟设计、未来设计、智能化设计、模糊化设计、概念化设计、情感化设计、体验设计等),以及国内外著名企业的产品设计实际案例等内容,为学生提供一个行之有效的学习体系。

本书适合作为普通高等院校工业产品设计专业本科、研究生的教材,也可供广大从事工业产品设计的读者阅读参考。

图书在版编目(CIP)数据

产品设计程序与方法 / 王俊涛,肖慧主编. — 北京:中国铁道出版社,2015.9(2017.12重印)
高等教育工业设计专业"十三五"规划教材
ISBN 978-7-113-20902-5

Ⅰ. ①产… Ⅱ. ①王… ②肖… Ⅲ. ①产品设计－高等学校－教材 Ⅳ. ①TB472

中国版本图书馆CIP数据核字(2015)第198558号

书　　名:**产品设计程序与方法**
作　　者:王俊涛　肖慧　主编

策　　划:潘星泉　　　　　　　　　　读者热线:(010)63550836
责任编辑:潘星泉
封面设计:佟　囡
封面制作:白　雪
责任校对:汤淑梅
责任印制:李　佳

出版发行:中国铁道出版社(100054,北京市西城区右安门西街 8 号)
网　　址:http://www.tdpress.com/51eds/
印　　刷:三河市兴达印务有限公司
版　　次:2015 年 9 月第 1 版　　　2017 年 12 月第 2 次印刷
开　　本:787 mm×1 092 mm　1/16　印张:11.5　插页:4　字数:263 千
书　　号:ISBN 978-7-113-20902-5
定　　价:32.00 元

前　言

工业设计是为制造工业产品所进行的设计，包含产品外部和内部设计的整个过程，对产品的外观和性能、生产技术的发挥和品牌建设产生最直接的影响。发达国家发展的实践表明，工业设计已成为制造业竞争力的源泉和核心动力之一。尤其是在经济全球化日趋深入、国际市场竞争激烈的情况下，产品的国际竞争力将首先取决于产品的设计。由于工业设计在产业振兴与发展中的特殊地位和作用，许多国家已经将其作为国家创新战略的重要组成部分。

"产品设计程序与方法"作为工业设计学科的专业课程之一，集造型艺术、产品技术、制造工艺、创造科学、市场经济学、管理学于一体，高度综合工业设计专业所涉及的知识与技能、理论与实践，形成课程整体系统内容。课程要求了解和掌握产品设计的基本程序与方法以及进行产品设计时如何分析产品设计中的各个要素，如何调查和产品有关的信息资料，并且通过实际的设计实践课题把设计程序贯穿其中，引导学生提高自身的观察能力，在对事物详细的调查中发现问题、分析问题，最终运用专业的设计知识解决问题，达到学以致用。

"产品设计程序与方法"课程已经不仅仅是工业设计教育中的一个单纯的教学环节，还代表着工业设计观念的更新。产品设计程序与方法的发展，推动了教学手段和教学方式的彻底变革，给工业设计教育带来全方位的影响。产品设计程序与方法已渗透到工业设计教育的各个环节、各个层次。

本书由王俊涛、肖慧任主编。各章编写分工如下：第1章绪论由南京航空航天大学王新燕、范大伟撰写，第2章产品设计相关理论由山东科技大学王俊涛、中国石油大学胜利学院肖慧、山东建筑大学刘婷撰写，第3章产品设计方法由肖慧，王俊涛撰写，第4章产品改良设计程序由王俊涛、山东科技大学王晓娜撰写，第5章产品开发设计程序由中国石油大学秦臻撰写，第6章设计展望由山东科技大学贾乐宾、薄其芳撰写。全书由王俊涛、肖慧统稿。

在本书的写作过程中得到了许多专家、学者的指导与帮助。在此谨对所有帮助支持本书编写工作的单位、专家、学者表示最真诚的感谢！并对中国铁道出版社的信任与支持表示最深的谢意！

编者编写本书，旨在与广大教育界同仁一道，共同推进中国工业设计教育的发展。由于工业设计教学体系一直处于探索发展和更新变化之中，很多从事工业设计的同行在自己的教学、实践中有着不同的观点，因此尽管所有参编人员为本书的完成付出了极大的努力，但书中仍难免存在疏漏和欠妥之处，在此，恳请各位专家、学者不吝指正，以便今后修订完善。

编　者

2015年1月

目　　录

第1章 绪 论

1.1 概 述

1.1.1 工业设计

1. 概念

工业设计自诞生以来，很多机构与组织都对其进行过定义，其中比较公认的是由国际工业设计协会理事会（International Council of Societies of Industrial Design，ICSID）提出的概念："工业设计是就批量生产的工业产品而言，凭借训练、技术知识、经验以及视觉感受赋予材料、结构、构造、形态、色彩、表面加工和装饰以新的品质和规格。"这个概念比较清晰地勾勒出了工业设计的范畴、性质以及目的。它是一个受多方面因素，如社会、经济、文化以及个人审美等影响的创造活动，是艺术和科学的结合，如图1-1所示。

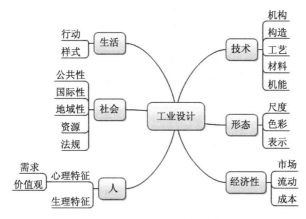

图1-1 工业设计相关因素

2. 传统工业设计

工业设计起源于包豪斯[①]。工业设计真正为人们所认识和发挥作用是在工业革命爆发之

[①] 包豪斯（Bauhaus），德国魏玛市"公立包豪斯学校"（Staatliches Bauhaus)的简称，后改称"设计学院"（Hochschule für Gestaltung），习惯上仍沿称"包豪斯"。在两德统一后位于魏玛的设计学院更名为魏玛包豪斯大学。魏玛包豪斯大学的成立标志着现代设计的诞生，对世界现代设计的发展产生了深远影响，包豪斯也是世界上第一所完全为发展现代设计教育而建立的学院。"包豪斯"一词是由格罗披乌斯先生（公立包豪斯学校校长）创造的，是德语Bauhaus的译音，由德语Hausbau（房屋建筑）一词倒置而成。

后，是以工业化大批量生产为条件发展起来的。当时大量工业产品粗制滥造，已严重影响了人们的日常生活，工业设计作为改变当时状况的必然手段登上了历史舞台。传统的工业设计是指对以工业手段生产的产品所进行的规划与设计，使之与使用的人之间取得最佳匹配的创造性活动。从这个概念分析工业设计的性质如下：

第一，工业设计的目的是取得产品与人之间的最佳匹配。这种匹配，不仅要满足人的使用需求，还要与人的生理、心理等各方面需求取得恰到好处的匹配，这恰恰体现了以人为本的设计思想。

第二，工业设计必须是一种创造性活动。工业设计的性质决定了它是一门覆盖面很广的交叉融汇的科学，涉足众多学科的研究领域，有如工业社会的粘合剂，使原本孤立的学科诸如：物理、化学、生物学、市场学、美学、人体工程学、社会学、心理学、哲学等，彼此联系、相互交融，结成有机的统一体，如图1-2所示。实现了客观地揭示自然规律的科学与主观、能动地进行创造活动的艺术的再度联手。

图1-2　工业设计是一门交叉学科

3. 现代工业设计

传统工业设计的核心是产品设计。伴随着历史的发展，设计内涵的发展也趋于更加广泛和深入。现在，人类社会的发展已进入了现代工业社会，设计所带来的物质成就及其对人类生存状态和生活方式的影响是过去任何时代所无法比拟的，现代工业设计的概念也由此应运而生。现代工业设计可分为两个层次：广义工业设计和狭义工业设计。

（1）广义工业设计。广义工业设计（Generalized Industrial Design）是指为了达到某一特定目的，从构思到建立一个切实可行的实施方案，并且用明确的手段表示出来的系列行为。它包含了一切使用现代化手段进行生产和服务的设计过程。

图1-3所示的电子书的设计采用了拟物化的设计方式，通过亲切的视觉、真实的触摸以及翻页时的真实听觉，营造一种真实的氛围，唤醒用户的熟悉感，消除了电子产品的冷漠感，最直观的感觉就是：电子书不再是一个冷冰冰的布满文字的屏幕。

图1-3　拟物化的电子书的设计

（2）狭义工业设计。狭义工业设计（Narrow Industrial Design）是单指产品设计，即针对人与自然的关联中产生的工具装备的需求所作的响应。包括为了使生存与生活得以维持与发展所需的诸如工具、器械与产品等物质性装备所进行的设计，如图1-4所示。产品设计的核心是产品对使用者的身、心具有良好的亲和性与匹配。狭义工业设计的定义与传统工业设计的定义是一致的。由于工业设计自产生以来始终是以产品设计为主，因此产品设计常常被称为工业设计。

图1-4　纤薄的苹果鼠标

工业设计的核心是以"人"为中心，满足"人"的需求。而人类的需求不会停留在某一点上，因此，工业设计无论内涵还是外延都具备一定的动态性。近几年来，随着信息、科学技术的高速发展，小批量、个性化产品生产已经成为可能，越来越多的产品设计倾向于满足用户的个性化需求。同时，在物质生活得到满足后，人们渴望的是弥补由快节奏生活而导致的情感缺失，现有的产品设计也由侧重理性因素转为侧重感性因素，并利用多种方法突出视觉、触觉、味觉等方面的感受。设计不是简单的化妆术，如果一个产品很美，但只是进行了包装打扮，这就不属于设计。除去其经济因素及市场因素的影响，一个好的设计，更大的意义在于创造更加合理的生活方式，在于改善生活品质。

Segway是一种新型绿色轻型代步工具，它的出现改变了人们的出行方式，也缓解了日益堵塞的交通，现已逐步普及。同时，根据Segway的工作原理，国外设计师设计了一款针对残疾人的代步车，可以让腿部有残疾的人士直立"行走"，更多的满足了其心理需求，受到残疾人士的喜爱，如图1-5所示。

图1-5　Segway及相同原理开发的残疾人代步车

　　总之，现在的工业设计，从企业角度来说，是以市场需求和顾客需求为主导，结合材料、技术、形态、结构、色彩、工艺等因素，使产品既是企业的产品、市场中的商品，又是消费者的用品，最大化地实现产品的附加价值，达到顾客需求与企业效益的完美统一。从使用者的角度来说，是为了创造一个更加美好的生活环境，改变不健康的生活方式，倡导更好的生活理念。

1.1.2　程序与方法

　　产品设计是一项复杂的系统工程，期间需要多个环节配合完成。在产品开发的过程中，如果程序设置不合理，环节衔接不畅会影响到产品的开发，造成进程的缓慢与停滞，问题如果得不到解决，甚至会导致产品开发的失败，给企业带来巨大的经济损失。因此在进行产品开发时，对于产品设计的整个流程要有宏观、清醒的认识，对于期间所涉及的每个环节都深入了解，运用科学合理的产品开发程序，这样才能够提高工作效率，保证产品开发的成功率。

1. 程序

　　所谓"程序"是指为进行某活动或过程所规定的途径，是管理方式的一种。科学合理的程序能够发挥出协调高效作用，减少过程中出现的问题。笼统地说，程序可以指一系列的活动、作业、步骤、决断、计算和工序，当它们保证严格依照规定的顺序发生时即产生所述的后果、产品或局面。一个程序通常引致一个改变。程序包含：输入资源、过程、过程中的相互作用（即结构）、输出结果、对象和价值六个元素。不论用什么样的语言来表达，一个完整的程序基本包括这些要素。

　　不论做任何事情，首先强调的就是程序，因为有句名言"细节决定成败"。程序就是整治细节最好的工具。于是，在所有的工作中，无时无处不在强调程序。可是，当人们只关注形式而不关注实质时，有些事情就发展到了它的反面。程序不是医治百病的灵丹妙药。但对工业设计的学习阶段而言，了解并掌握程序会起到事半功倍的效果。这里可以通过一个例子来说明"程序"的重要性。

　　有台老式的单面烤面包机，能一次性地放入两片面包进行烘烤，但每次只能烤熟一面，当面包的一面烤熟后再手工翻面烤另一面。烤熟面包一面的时间为 1 min。如果要烤熟三片面包最短需要多长时间？通常可以用两种程序来完成这项工作，如表1-1所示。

表1-1　烤面包片不同程序对照表

项　目	程　序　一	程　序　二
第一步	先放入两片面包，烤熟一面需要1 min	先放入两片面包，烤熟一面需要1 min
第二步	将两片面包翻面烤熟，又需要1 min	将其中一片面包翻面继续烤至全熟，把另一片烤熟一面的拿开。再将没烤过的那一片面包放入烤面包机烤熟一面，需要1 min
第三步	将两片烤熟的面包取出，将第三片面包的两面烤熟，需要2 min	将两面烤熟的面包拿出，再将剩下的两片面包的生的一面烤熟，需要1 min
总计	需要4 min	需要3 min

　　"程序一"是大多数人会采用的方法，将操作的程序调整一下有了不同的结果。同样的工作，我们采用不同的程序会有不同的结果，科学合理的程序能够明显提高工作效率。人们在进行产品设计时也应当掌握正确的设计程序，这样才能事半功倍。

2. 方法

方法的含义较广泛，一般是指为获得某种东西或达到某种目的而采取的手段与行为方式。它是人们成功办事不可缺少的中介要素。在哲学、科学及生活中有着不同的解释与定义。有人说"方法"一词是来源于希腊文，含有"沿着"和"道路"的意思，表示人们活动所选择的正确途径或道路。其实早在2000多年前，在墨子①著作《墨子·天志》中就有对"方法"的阐述："今夫轮人操其规，将以量度天下之圆与不圆也，曰：'中吾规者，谓之圆；不中吾规者，谓之不圆。'是以圆与不圆，皆可得而知也。此其故何？则圆法明也。匠人亦操其矩，将以量度天下之方与不方也，曰：'中吾矩者，谓之方；不中吾矩者，谓之不方。'是以方与不方，皆可得而知也。此其故何？则方法明也。"

垃圾桶与垃圾袋一般情况下是配套使用的，但现有产品没有将两者结合起来。图1-6所示的设计在垃圾桶底部加了一个隔层，用于存放垃圾袋，然后在挡板上开一个小槽。使用时，一旦垃圾桶里面的垃圾袋丢弃，便会直接"抽"出下一节垃圾袋，使用者只需要打开垃圾袋，套在垃圾桶上就可以了。如此简单的一个结构，极大地简化了垃圾袋的使用，也杜绝了翻箱倒柜找垃圾袋的情况。

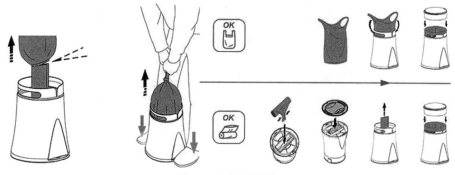

图1-6 垃圾桶设计

人们经常强调："工欲善其事，必先利其器。"② 这也就是人们所说的"事必有法，然后可成。"③ 可见办事有一定方法，才会成功。毛泽东曾举了个用桥和船过河的例子以强调工作方法在办事中的重要性。他说："我们不但要提出任务，而且要解决完成任务的方法问题。我们的任务是过河，但是没有桥或没有船就不能过。不解决桥或船的问题，过河就是一句空话。不解决方法问题，任务也只是瞎说一顿。"④ 黑格尔把方法也称为主观方面的手段。他说："方法也就是工具，是主观方面的某个手段，主观方面通过这个手段和客体发生关系……"⑤ 英国哲学家培根则把方法称为"心的工具"，他论述方法的著作就命名为《新工具》。他认为方法是在黑暗中照亮道路的明灯，是条条蹊径中的路标，它的作用在于能"给理智提供暗示或警告。"⑥

① 墨子（前468—前376）名翟(dí)，春秋末战国初期鲁国人(今河南鲁山人)，中国战国时期著名的思想家、教育家、科学家、军事家、社会活动家，墨家学派的创始人。创立墨家学说，与儒学并称显学，并有《墨子》一书传世。《墨子》内容广博，包括了政治、军事、哲学、伦理、逻辑、科技等方面，是研究墨子及其后学的重要史料。

② 引自《论语·卫灵公篇》。

③ 引自《孟子·集注》。

④ 引自《毛泽东选集》第一卷，第134页。

⑤ 引自列宁《黑格尔"逻辑学"一书摘要》一文，见《列宁全集》第38卷，第236页。

⑥ 培根：《新工具》，转引《十六—十八世纪西欧各国哲学》1958年三联书店出版，第9页。

图1-7所示的设计是一款公共场所使用的洗手盆,采用了磁悬浮技术,悬浮在空中的浮子是金属香皂,同时也是出水的开关。水流由中央出水口喷出,用过的水顺着面盆流向四周的缝隙处。底座与面盆上盖之间的缝隙处鼓出的风可以快速干手。因此整个洗手、干手的过程,用户只需在洗手盆完成,此设计通过奇妙的思路,巧妙地创造了一种全新的洗手体验,作为公共设施,此设计也更大化地保障了清洁性,不会造成细菌的传播,让洗手更安全、更便捷。

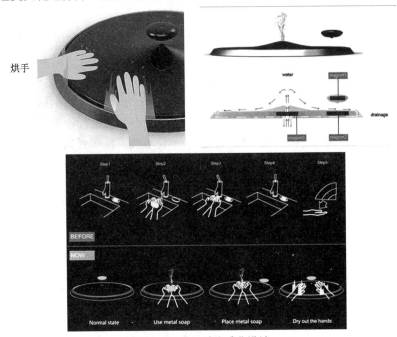

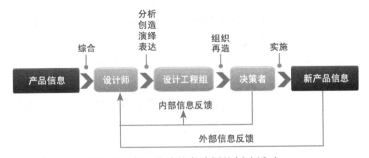

图1-7　磁悬浮洗手盆设计

1.1.3　学习的目的及意义

现代产品设计是有计划、有步骤、有目标、有方向的创造活动,如图1-8所示。每个设计过程都是解决问题的过程。产品设计程序与方法作为工业设计学科的一门专业课程,为整个设计过程提供明确的纲领和标准,是在造型基础与专业基础上进行的综合技能运用。

图1-8　产品设计是有计划的创造活动

设计是一个从无到有的过程,设计的每个阶段都有不同的内容与任务。在传统的工业设计中,产品设计师主要从事从产品创意到模型输出过程中的工作,设计的前期与后期均不涉及。但随着市场的变化与设计内容的扩展,产品从调研、设计、生产到制作,甚至还包括产品的消亡和回收，这样一个完整的产品生命周期，其中的每一个阶段都和设计相连，均需设计师理解与掌握，如图1-9所示。因此，深入认识设计的程序与方法，有助于设计师有针对性地、快速地解决设计过程中出现的问题，有助于产品设计的顺利展开，有助于设计与工程的衔接。根据不同的设计内容，人们可以遵循一定的设计程序与理论方法，形成设计理念和设计精神的统一，各个部门各负其责，注重团队合作，灵活运用设计程序与方法和设计管理知识，从而提高设计的实现能力和效率。

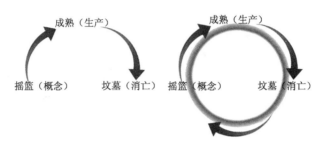

图1-9 传统工业设计与现代工业设计

设计的程序、手段以及方法直接决定设计的最终结果，一个成功的设计首先就需要用系统的分析、周密的计划以及科学的手段来进行。产品设计程序为设计提供方法指导，保证设计方向，使设计更加合理化、人性化，更加符合消费者需求，在工业设计中具有极其重要的地位。往往我们看到的设计图，只是整个设计流程的最终结果展示，深藏其下的是极其深广的设计调研、设计定位、设计分析等设计工作。由此可见，能否合理地统筹安排设计流程、科学严谨地对待每一个设计工作，是决定一个设计成败的关键所在。

图1-10所示为一款茶叶浸泡器，外形酷似一颗草莓。它由塑料制成的盖子和不锈钢带孔的容器两部分组成，绿色盖子上是一吹就会转动的三片叶子，可以加速杯中热饮的冷却。整个设计非常有爱，为泡茶、饮茶过程增添了一丝绿色的果味清新气息。

图1-10 茶叶浸泡器

图1-11所示为一款为登山者设计的露水收集器，设计外形呈现出一株多肉绿色植物的状态。由于现有山峰很多水源都已被污染，所以干净水源的提取是个不容忽视的问题。该露水收集器晚上置于户外，清晨便可收集筛选出一瓶干净的露水，装置便于携带，并可以重复使用，极大地满足了登山者的需要。

创意露水收集器

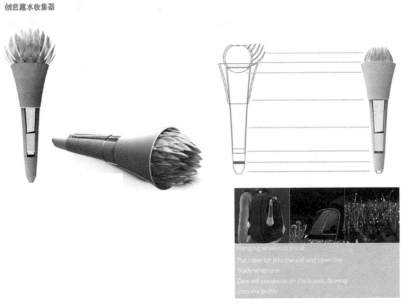

图1-11　露水收集器

1.2　产品设计程序的一般内容

产品设计程序是为了实现某一设计目的而对整个设计活动进行的策划安排。研究以往的产品设计过程，可以发现设计的工作流程除了受设计目的影响外，还可随着时代的变化、经验的积累、管理水平的提高等发生变化。但无论如何变化，其设计流程还是有规律可循的，如图1-12所示。

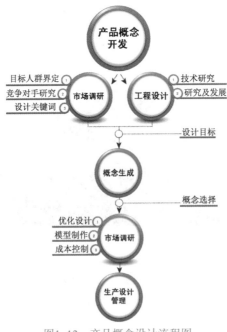

图1-12　产品概念设计流程图

1.2.1 产品概念设计程序

产品概念设计过程主要是产品的功能规划和描述，产品的形态构成和色彩描述以及用材、结构和工艺描述。一个优秀的产品概念设计应该是基于详尽周密的用户研究、大量的市场调研和突发性的创造性构思。一般产品设计可分为三个阶段：社会调查与需求分析阶段、创意构思阶段、造型设计和生产设计阶段，概念设计也不例外。

伊莱克斯轨道球形概念洗衣机不需要洗衣液、水，而且还没有噪声，如图1-13所示。中间的"球"好比现在洗衣机的滚筒，当工作的时候会悬浮在环形轨道中间滚动，原理类似现在的磁悬浮，"球"与轨道完全没有任何连接，可以分离。

图1-14所示为可以缩小的概念电池。把电池与弹簧结构相结合，设计出一款新型的可伸缩电池，这种电池可以在电池电量不足的情况下，将两节电池压缩到一节大小，放到电池盒里当作一节电池使用，将剩余电量耗尽，从而达到物尽其用的目的。

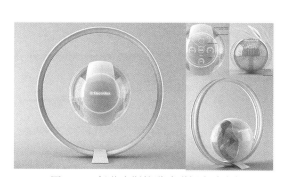

图1-13　伊莱克斯轨道球形概念洗衣机

图1-14　可以缩小的概念电池

图1-15所示为概念寻找器Key Finder。其使用主动式RFID（射频识别技术）技术，由主终端和标签贴两个部分组成，只要将平时我们使用的东西贴上便签贴，不管它丢在床下面还是沙发下面，通过主终端都可以轻松找到。

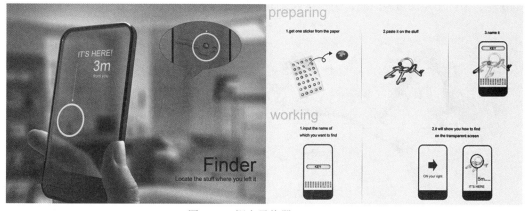

图1-15　概念寻找器Key Finder

1.2.2 产品改良设计程序

产品改良设计是对原有传统的产品进行优化、充实和改进的再开发设计，重点在"良"这个点上，要求越改越好。因此，产品改良设计应该以现有产品为出发点，对其进行充分再认识，对产品的"缺点""优点"进行客观的、全面的分析判断，以便更好地完善现有设计。

分析现有产品的优缺点，一般采用"产品部位部件功能效果分析"的方法，如图1-16所示。首先是将产品整体分解，对各个部位或零件进行分析，然后在局部分析的基础上，再进行整体的系统分析。在由整化零，由零变整的分析过程中，每一个部位或零件的合理改动或替换都会导致最终设计结果的改变。因此，这种方法为改良设计提供了一套条理清晰的设计方法，设计者在分析过程中，应力图发现产品的"缺点"与"优点"，以及它们存在合理与否。

图1-17中的衣架改良设计，运用的正是产品部位部件功能效果分析法，先将整个衣架产品分解为挂钩、撑子两部分，然后对撑子部分进行分析改造，采用弹力材料，改变传统衣架不能伸缩的缺点。最后再将挂钩、撑子两部分通过结构设计重新整合，设计出一款可以伸缩以适应不同领口大小的衣架设计方案。

图1-16　产品部位部件功能效果分析法

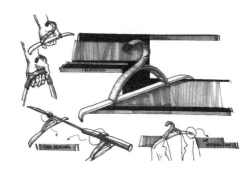

图1-17　衣架改良设计

图1-18是一家公司的易脱卸滚轮设计，设计者将整个产品分解后，进行局部分析，从中找到传统滚筒刷滚轮不易脱卸这一缺点作为突破口。最终的设计方案只需要一个按钮就可以轻松脱卸滚轮，节约了脱卸滚轮时间，为用户带来了便利。

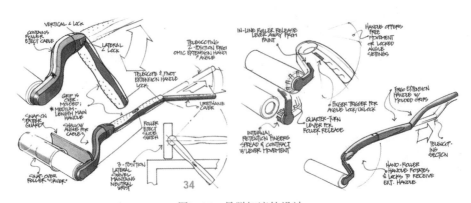

图1-18　易脱卸滚轮设计

在对产品整体功能、局部零件功能以及使用环境等客观因素有了系统全面的认识后，我们可以找到很多设计切入点。图1-19所示为闪光灯部位部件功能效果分析图，在对图1-20中的闪光灯的整体功能及局部功能进行分解分析后，人们可以看到，每一个零件的抽象功能都可以作为一个切入点发展出一个新的设计方案。人们只需综合比较其可行性，即可展开整个设计工作。在整个设计创意过程中，设计师要注意保留产品已有的"优点"，完善产品不足之处，扬长避短，用创新意识解决设计中的问题，选择睿智的解决方法来优化设计。具体产品改良设计工作流程图如图1-20所示。

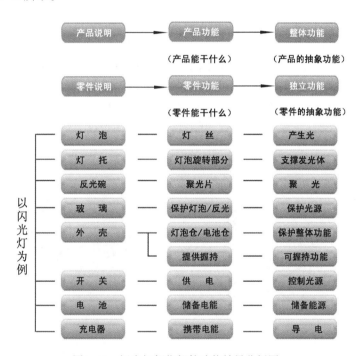

图1-19　闪光灯部位部件功能效果分析图

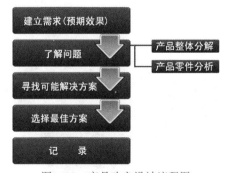

图1-20　产品改良设计流程图

产品改良设计的整个流程并不是线性的，而是循环往复的。产品投入市场并不意味着设计的结束，这时仍需对产品的性能和市场表现进行调查与评估，并针对产品存在的不足之处做出下一轮的产品改良设计计划。

1.2.3 产品开发设计程序

产品开发是一项系统工程，是市场需求和企业管理驱动下的产物。简单来说，产品开发主要包括产品立案、信息调查、构想、基本设计、结构设计以及设计报告共6个步骤。所有的设计都是以问题为导向，在产品设计开发过程中，产品立案与信息调查是发现问题阶段，后期的4个步骤为解决问题阶段，如图1-21所示。

在产品开发过程中，需要特别重视设计的可行性。好的设计不是建立在企业决策层或是设计师个人的突发奇想上，而是要依靠前期的产品调研与使用者调研结果，对设计的各个层面进行分析，以确保设计能够满足市场与使用者需求。在研发过程中，还要结合企业的经济能力与生产能力，充分考虑消费者的接收程度，制造出"有用的、好用的、期待拥有的"产品。

图1-22所示为西门子公司在2003年推出的Xelibri系列手机，由于其造型怪异而备受瞩目。西门子Xelibri系列手机以"春夏秋冬"为主题，一共对应四款手机。西门子就是要像设计服装一样来设计手机，并希望借此创意在风起云涌的手机市场引领潮流。但由于设计者没有考虑到消费者的接受能力与需求，导致西门子Xelibri系列手机上市仅仅一年便宣告停产。

图1-21　产品设计以问题为导向

图1-22　西门子Xelibri系列手机

图1-23所示为泛泰PG6200指纹识别手机，它是第一款指纹识别手机，也是目前为止唯一一款指纹识别手机。由于指纹识别对手指干燥度、清洁度要求较高，所以该功能有时反而会对手机使用造成阻碍。就保密性方面来说，此功能也有些大材小用。

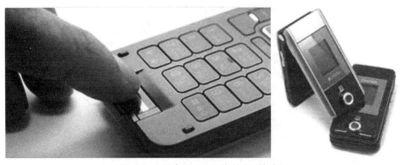

图1-23　泛泰PG6200指纹识别手机

由此可见，设计过程中每一个环节都不可忽视，需要对每个设计层面进行认真分析。产品开发设计工作从开始到完成，每一步都依照科学规律，合理安排，必然地表现为一定的进程，依照程序层层递进，并在序列性进程中体现和提高设计效率，具体设计流程如图1-24所示。

图1-24　产品开发设计流程图

1.3　工业设计师的基本素质要求

由于工业设计不是纯艺术，也不是单纯地属于自然科学或社会科学，而是多种学科高度交叉的综合型学科，因此设计师作为设计创造的主体，必须具有多方面的知识与技能，全方位的知识结构与高度的社会责任感。图1-25所示为设计师知识结构图。

1.3.1　设计理论的基本要求

设计师是设计创造的主体，应具备多方面的知识与技能，并应随着时代的发展而不断充实自己。就产品的造型设计而言，每个阶段都对设计师有不同要求。工业设计师除了要掌握人机工程学、设计心理学、美学、产

图1-25　设计师知识结构图

品语义学等学科知识，还应熟练掌握绘画、摄影、雕塑、计算机、制图、样机模型制作等一些应用技术。如图1-26所示，二维及三维效果图的绘制，是基础设计技能，是设计者通过工具将头脑中的设计实现并展示出来的有效途径；而图1-27中的模型手板制作是在设计后期对设计方案的一种检验，可以校正设计中出现的问题。详细内容可参阅第2章产品设计相关理论。

图1-26　二维、三维效果图绘制

同时，设计内容的多样性要求设计师在掌握本身学科体系知识的同时，也应了解一些相关的周边学科知识，最好根据各自领域有所侧重，这样才能把具体的设计做得更加深入。例如交通工具的设计，比较侧重空气动力学、人机工程学等；医疗产品设计，比较侧重心理学、医学、材料学等。不管设计什么产品，工业设计师在设计中共同的目的是处理产品与人的关系，如产品能否被消费者接收，操作是否符合消费者习惯，尺寸是否符合人体尺寸等。

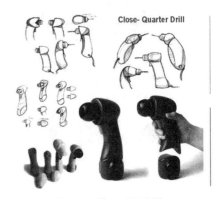

图1-27　模型手板制作

工业设计是一门实践性学科，光凭书本上的知识还远远不够，需要实际项目操作并真正参与到设计生产过程中才可以更真实、准确的感受到。对设计师来讲，实践经验非常重要，尤其是与大批量生产相关的实际操作经验。很多学生作品，想法很好，产品表现力也很强，但大都有一个通病，就是产品无法批量生产，归根结底还是因为他们缺乏实际操作经验。掌握一定的实际操作经验，是设计顺利展开并成功投入生产的前提，不容忽视。

1.3.2　设计能力的基本要求

1. 发现问题和解决问题的能力

简单来说，工业设计的过程就是一个发现问题和解决问题的过程。设计首先要明白"解决什么问题"，然后分析"用什么解决"，然后设计"具体怎么解决"，最后在条件允许的情况下思考"这个解决办法是不是可以改得更好"。

砸核桃，是不是真的需要"砸"？在定义这个课题时，如将设计概念定义为"将核桃果实与外壳分离"，就会出现如图1-28所示的各种创意。

发现问题是设计的第一步，但很多学生甚至设计师本身不会发现问题。现实生活中的大部分产品都存在设计问题，如打点滴时，病人只能一只手自由活动，并且不能随意行动，极其不方便；计算机电源在突然断电时会暴力关机，未保存文件随之丢失；视力有问题的人在使用指甲刀会非常费力等；这些都是生活中的问题，但为什么说很难发现？其原因如下：

一是因为缺乏"以人为本"的理念。很多人会把产品操作失误看成自己的责任，"人是要适应机器的"这种理念"害人不浅"。产品生来就是为人服务的，一个好的设计是不会让操作者失误的。

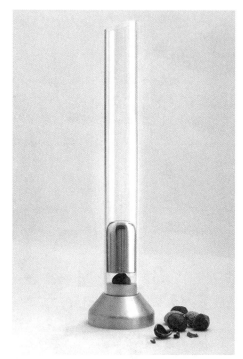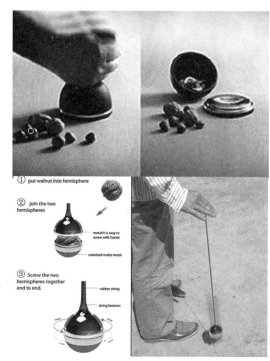

图1-28　有新意的解决方案

二是固有思维的限制。对产品的固有认识限制了创新思维的发展。一个合格的设计师在进行产品造型设计之前都会对自己将要设计的产品设定一个新的产品概念定义，这个新的产品概念定义一般都会包含比较大的范围，以便思维不会受到过多的束缚。例如，在进行课题设计时，如将设计题目定位为"灯具设计"，很多同学都会按照头脑中已有的灯的样式去做加减法，很难有新意；如将设计题目定位为"光的提供方式"，那么蜡烛可以产生光、电可以产生光、萤火虫可以产生光等想法就都会跳出，极大地拓展了问题的解决方式，也更容易出现好的作品，如图1-29所示。

传统意义的暗装电源插座，是固定镶嵌到墙里，该设计巧妙地将平面的插座变成立体的，充分利用空间优势，增加插座使用价值，如图1-30所示。

2．创新意识

创新是工业设计的本质，创造力是设计师最大的财富。设计师每天都要思考，时时刻刻都要创新，永远不能停下来，这样才能不断推出好的作品。工业设计的创新，需要一定的有关方面资料或条件，然后再对各种设计的元素进行组合、加工、提炼、综合，从而创造出新的概念和新的产品。有关产品设计方法的内容可参阅本书第3章。

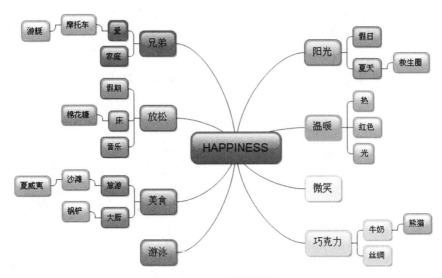

图1-29   发散性思维

图1-31所示的弧形日历在一个半圆的弧形上标注日期，再把周一到周日的英文第一个大写字母标注在一个滑块上，这样你就可以将滑块推到相应的日期上，每个星期推一次即可。而且每次推动滑块之后，都会改变弧形的倾斜角度。

图1-32所示的香皂刨丝器设计，简单易用。只需将块状香皂装入，推动下面金属杆就可以刨出香皂细丝落到手中，薄薄的香皂碎屑易溶易用，不再搞得整个香皂都滑溜溜，没有了滑落的尴尬，全家人使用也都是干净全新的香皂碎屑。

图1-30   平面变立体

图1-31   弧形日历

图1-32   香皂刨丝器

由英国设计师戴森设计的无叶风扇，打破了人们对风扇必须有扇叶的传统认识，是风扇设计史上的一个革新，如图1-33所示。

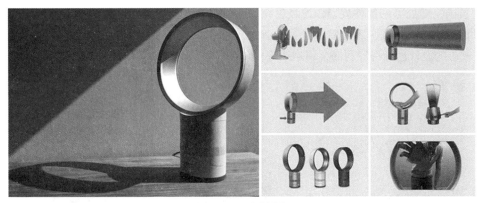

图1-33　无叶风扇

3. 团队精神

设计需要团队精神，尤其是在科技如此发达的信息社会。工业设计是一门交叉学科，需要将各具特色的元素单体聚合在一起，从而使整体发挥综合高效的工作能力。就设计师个人来说，个人知识技能的不足无法满足设计内容的多样性与复杂性，这时就需要通过与其他设计师、艺术家、工程师、生物学家等各方面专家合作，取长补短，共同完成设计工作。俗语"三个臭皮匠赛过诸葛亮"虽说得不是十分严谨、客观，但足以说明集体的智慧更强大。

1.3.3　其他相关要求

社会是设计扎根的土壤，设计是真正影响社会的事业，社会责任感是设计师必须具备的素质。在提倡节能社会、可持续发展的今天，作为一名设计师，在产品设计中必须尽自己的最大努力满足企业或客户的需要，同时更要考虑到使用者的需要和产品的社会效益。设计师的设计过程，就是创造生活的过程，一个小小的失误就有可能给使用者带来不便或伤害，严重的甚至会对社会、对后代造成危害。设计必须有益于社会、有益于人们的身体健康，这个信念，必须坚定不移地贯穿整个设计工作始末。相关设计思潮及设计趋势内容可参阅本书第6章设计展望。

图1-34所示为一款纸质沙发，它将废纸重新加工并捆成圆柱，使用者只需将中间剪开，按照自己意愿设计沙发形状。赋予废弃物第二次生命，做既能发展经济、创造效益，又能保证生态环境安全的设计，是设计师日后不得不思考的方向。

图1-34　纸质沙发

　　在英国，随处可见各种被当作垃圾丢弃的金属罐。设计师将用后的金属罐回收后，融合自己的设计，制作成花瓶、牙刷架、洗手液小罐、笔筒、存钱罐、调味瓶、茶罐等，如图1-35所示。其贴心的设计已经将锋利的金属罐边缘包裹住，使用时完全不用顾忌将手弄伤。

图1-35　环保设计

　　人们经常在矿泉水瓶上看到"您购买一瓶矿泉水，将向××组织捐献1分钱"，而设计师Sung joon Kim和Jiwon Park却将这一思想具象化的表现在矿泉水瓶的设计上，如图1-36所示。设计师将矿泉水瓶瓶体一分为二，使得消费者在购买矿泉水的同时，有一半水是分享给了缺水地区。1/2设计对于个人来说影响不大，不过对于贫苦大众的影响却是异常重大的。

图1-36　依云水瓶慈善理念设计

第2章 | 产品设计的相关理论

2.1 设 计 管 理

2.1.1 设计管理的概念

英国设计师麦克·法瑞（Michael Farry）首先提出设计管理的基本概念："设计管理是在界定设计问题，寻找合适设计师，且尽可能地使设计师在既定的预算内及时解决设计问题。"他把设计管理视为解决设计问题的一项功能，侧重于设计管理的导向，而非管理的导向。其后，Turner（1968年），Topahain（1980年）， Oakley（1984年），Lawrence（1987年），Chung，Gorb等学者都各自从设计和管理的角度提出了自己的观点。

麦克·法瑞是站在设计师的角度提出定义的。从另外一个角度来理解，企业层面的设计管理则指的是企业领导从企业经营角度对设计进行的管理，是以企业理念和经营方针为依据，使设计更好地为企业的战略目标服务。主要包括：①决定设计在企业内的地位与作用。②确立设计战略和设计目标。③制定设计政策和策略。④建立完善的企业设计管理体系。⑤提供良好的设计环境和有效地利用设计部门的资源。⑥协调设计部门与企业其他部门以及企业外部的关系等。图2-1所示为设计创新管理图。

图2-1 设计创新管理图

从不同的角度思考，对设计管理可以有不同的认识。可以是对设计进行管理，也可以是对管理进行设计。归纳起来，设计管理就是："根据使用者的需求，有计划有组织地进行研究与开发管理活动。有效地积极调动设计师的开发创造性思维，把市场与消费者的认识转换在新产品中，以新的更合理、更科学的方式影响和改变人们的生活，并为企业获得最大限度的利润而进行的一系列设计策略与设计活动的管理。"然而，正如英国设计管理专家Mark Oakley所言，"设计管理与其说是一门学科，不如说是一门艺术，因为在设计管理中始终充满着弹性与批判"。

随着理论日趋不断的发展，无论是从设计学还是管理学的角度来看"设计管理"，其基本内涵都已逐步走向一致。设计管理作为一门新学科的出现，既是设计的需要，也是管理的需要。所以，设计管理研究的是如何在各个层次整合、协调设计所需的资源和活动，并对一系列设计策略与设计活动进行管理，寻求最合适的解决方法，以达成企业的目标和创造出有效的产品（或沟通）。

2.1.2　设计管理的范围与内容

设计管理的范围与内容是极具弹性的。随着企业对设计的越来越重视，以及设计活动内容的不断扩展，设计管理的内容也在不断地充实与发展。根据不同的管理活动与内容，可将设计管理的范围与内容分成以下几个方面：

1. 企业设计战略管理

任何一个企业，只有明确了自己的最终目的，才能根据所处的环境、自身的特点梳理出合理的任务体系；根据完成任务需要满足的条件和需要解决的问题，就能够设计出相应的组织机构和运作机制，即企业设计战略。如果战略错误，即使设计过程完美、产品设计成熟也无济于事，并很有可能成为实验室中永远的试验品。假如冒着风险生产，那更是错上加错，让企业蒙受极大的损失，最恶劣的结果就是导致企业的倒闭。

2. 设计目标管理

设计目标管理可以理解为对设计活动的组织与管理，是设计鉴借和利用管理学的理论和方法对设计本身进行管理，即设计目标管理是在设计范畴中所实施的管理。设计既是设计目标管理的对象，又是设计目标管理对象的限定。无论如何定义设计目标管理，获得好的产品设计总是其唯一的核心目标。没有足以吸引消费者的产品，去评价广告、环境、人力资源的优劣是毫无意义的。

设计概念是设计师对设计对象的一种创意理解，也是评价产品设计优劣的一个常用工具。一个具体的设计概念的优劣是相对的、辩证的。评价企业的产品，必须将它放到其生产的时期、企业存在的环境中，结合企业自身的需要和其针对的目标对象来进行合理的评价。换个角度，对同一个产品的评价结果可能是截然相反的。人们可以通过不同的产品设计概念的评价比较来了解这个问题。

3. 设计程序管理

设计程序管理又称设计流程管理，其目的是为了对设计实施过程进行有效的监督与控制，确保设计的进度，并协调产品开发与各方关系。由于企业性质和规模、产品性质和类型、所利用技术、目标市场、所需资金和时间要求等因素的不同，设计流程也随之相异，有各种不同的提法，但都或多或少地归纳为若干个阶段。设计流程管理系统必须解决好以下6个主要问题：

（1）设计流程的定义和表达。设计流程有其自身的特点，用什么样的数学模型来描述设计流程并确保其完整性和灵活性，用什么样的形式在计算机上表现是设计流程管理系统首先要解决的问题。

（2）设计流程的控制和约束。如何确保一个实例化的设计流程在规则的约束下有序地运转，在正确的时间将正确的任务发送到正确的承担者的桌面，需要有一个严密、灵活的约束和控制机制，它既能保证设计流程的规范性，又能适应各种不同的设计流程类型。

（3）设计流程中权限控制。保证任务的不同承担者只能完成其权限内相应操作，确保数据的安全性和流程管理的可信度。

（4）设计流程中的协调通信机制。在确保关键流程环节有序进行的同时，应为设计人员提供以网络为支持的通信、交流和沟通的手段，实现贯穿在主流程中的有效的协调机制。

（5）设计流程中的统计和报表。该功能将为项目管理者提供方便的数据收集、项目统计能力，并用图表或报表等方式表示，实现对项目的跟踪和管理。

（6）流程管理中的"推"技术。为了使设计流程有效地流转，需要流程管理系统将"任务"和"项目信息"在正确的时间推到任务承担者的桌面，而不是设计人员去服务器中取任务，从而推动整个项目按预定的计划进度进行，这种"推"的技术将有效地缩短项目周期。

4. 企业设计系统管理

企业设计系统管理是指为使企业的设计活动能正常进行，设计效率的最大发挥，对设计部门系统进行良好的管理。企业设计系统管理不仅是指设计组织的设置管理，还包括协调各部门的关系。同样，由于企业及其产品自身性质、特点的不同，设计系统的规模、组织、管理模式也存在相应的差别。

从设计部门的设置情况来看，常见的有领导直属型、矩阵型、分散融合型、直属矩阵型、卫星型等类型。不同的设置类型反映了设计部门与企业领导的关系、与企业其他部门的关系以及在开发设计中不同的运作形态。不同的企业应根据自身的情况选择合适的设计管理模式。

企业设计系统管理还包括对企业不同机构人员的协调工作，以及对设计师的管理，如制定奖励政策、竞争机制等，以此提高设计师的工作热情和效率，保证他们在合作的基础上竞争。只有在这样的基础上，设计师的创作灵感才能得到充分的发挥。

5. 设计质量管理

设计质量管理是使提出的设计方案能达到预期的目标并在生产阶段达到设计所要求的质量。在设计阶段的质量管理需要依靠明确的设计程序并在设计过程的每一阶段进行评价。各阶段的检查与评价不仅起到监督与控制的效果，其间的讨论还能发挥集思广益的作用，有利于设计质量的保证与提高。

设计成果转入生产以后的管理对确保设计的实现至关重要。在生产过程中设计部门应当与生产部门密切合作，通过一定的方法对生产过程及最终产品实施监督。

6. 知识产权管理

知识产权管理是指国家有关部门为保证知识产权法律制度的贯彻实施，维护知识产权人的合法权益而进行的行政及司法活动，以及知识产权人为使其智力成果发挥最大的经济效益和社会效益而制定各项规章制度、采取相应措施和策略的经营活动。

知识产权管理是知识产权战略制定、制度设计、流程监控、运用实施、人员培训、创新整合等一系列管理行为的系统工程。知识产权管理不仅与知识产权创造、保护和运用一起构成了我国知识产权制度及其运作的主要内容，而且还贯穿于知识产权创造、保护和运用的各个环节之中。从国家宏观管理的角度看，知识产权的制度立法、司法保护、行政许可、行政执法、政策制定也都可纳入知识产权宏观管理内容中；从企业管理的角度看，企业知识产权的产生、实施和维权都离不开对知识产权的有效管理。

2.1.3　设计管理的作用

（1）有利于正确引导资源的利用，利用先进技术实现设计制造的虚拟化，降低了人力物力的消耗，提高了企业产品的竞争力。具体分析产品开发的初期、中期、后期等各个时间段，制订最初的设计目标，分配相应的工作重点，合理配置资源。

（2）有利于正确处理企业各方面关系，创造出健康的工作氛围。充分调动企业中各种专业、各个部门的人，使其明确自身任务与责任，充分发挥自身的潜能，协调起来为共同的目标而努力。

（3）从战略高度出发，制订公司的整体以及长远的发展计划与目标，为产品设计指出创新的方向及目标。有利于及时获得市场信息，设计针对性产品，进而达到由设计改变生活方式，从而为企业创造新的市场。

（4）有利于促进技术突破，促进与不同领域的合作，使得企业社团各方面资源得以充分利用，从而实现设计制造的敏捷化，推动技术迅速转化为商品。

（5）有利于建立一支精干的稳定的设计队伍，解决人员流动过频的弊端。

（6）有利于创造清晰、新颖和具备凝聚力的企业形象。

2.1.4　工业设计与产品创新中的设计管理

工业设计的核心任务是产品设计，因此对于产品创新至关重要，它决定着一个企业在激烈的竞争中能否获得成功，而产品创新管理又是产品创新的关键。从核心入手来研究管理的目标、任务，应该是解决最基本的管理设计问题的最有效途径。与此同时，设计创新始终渗透在每一个具体的设计管理活动之中，它既是设计管理的最终目标，也是达成设计成功的原动力。因而在整个设计管理活动中始终处于核心地位。

工业设计界的最高荣誉——德国"reddot 红点设计奖"与"iF 设计奖"之设计竞赛的产品概念评价，在整体概念上存在巨大的差异。获奖的原因，在于他们都满足相应奖项的评价标准。评价的标准都是相对的、具体的。事实上，即使是"reddot红点设计奖"，评价的具体标准每期都会发生变动，因为产品外形具有强烈的时尚特性，而技术也会随时间的推移而不断进步。图2-2所示为获得"reddot红点设计奖"的台湾大同远端电话会议系统，其造型简洁凝炼，色彩沉稳雅致，极具科技感。

图2-2　台湾大同远端电话会议系统

工业设计是以批量生产的工业生产方式为存在基础的，设计师们不可避免地需要从与生产有关的诸多环节去辨析它们对设计的影响。从人机、材料、工艺、结构、维护、成本的角度对产品设计做出评价，需要将这些因素与具体的企业结合起来。工业设计是商业竞争的结果。作为企业乃至国家核心竞争能力的主要内容之一，工业设计必然是追求产品理想境界的有效途径。斯堪的纳维亚设计、意大利设计、德国设计是这样，ALESSI 设计、APPLE 设计、IBM 设计也同样如此。

图2-3　ALESSI自鸣水壶

图2-3所示为Richard Sapper 于1983 年为ALESSI公司设计的一款自鸣水壶，其精湛的不锈钢工艺与康定斯基式的音符构成形态造就了作品优雅、高贵的气质和音乐形态化的主题。为增强艺术感染力，还设计了能发出"mi"和"si"钢琴般悦耳声音的自鸣汽笛，该装置委托慕尼黑一家著名的黄铜乐器加工厂生产。精湛的工艺与人们审美习惯的完美结合，使得该产品从问世以来，就极其畅销。作为ALESSI众多产品中的一款，其生产决定于企业的差异定位。其中精湛的不锈钢工艺得益于1983 年企业制订的金属核心革新计划。

2.2　人机工程学

2.2.1　人机工程学的概念

人机工程学起源于欧洲，形成和发展于美国。人机工程学在欧洲称为Ergonomics，该名称最早是由波兰学者雅斯特莱鲍夫斯基提出来的，这门学科是研究人在生产或操作过程中合理地、适度地劳动和用力的规律问题。人机工程学在美国称为Human Engineering（人类工程学）或Human Factor Engineering（人类因素工程学）。日本称为"人间工学"，或采用欧洲的名称，音译为Ergonomics，俄文音译名Эргнотика。在我国，所用名称也各不相同，有"人类工程学""人体工程学""工效学""机器设备利用学""人机工程学"等。现在大部分人称其为"人机工程学"。

"人机工程学"的确切定义是，把人–机–环境系统作为研究的基本对象，如图2-4所示，运用生理学、心理学和其他有关学科知识，根据人和机器的条件、特点，合理分配人和机器承担的操作职能，并使之相互适应，从而为人创造出舒适和安全的工作环境，使工效达到最优的一门综合性学科。

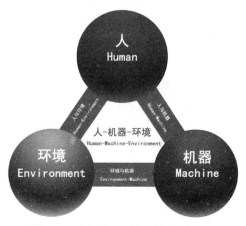

图2-4　"人–机–环境"关系图

2.2.2　人机工程学的研究内容

早期的人体工程学主要研究人和工程机械的关系，即人机关系。其内容有人体结构尺寸和功能尺寸，操作装置，控制盘的视觉显示，这就涉及了心理学、人体解剖学和人体测量学等，继而研究人和环境的相互作用，即人–环境关系，这就又涉及了心理学、环境心理学等。第二次世界大战后，人机工程学作为一门独立的学科被确立起来。其研究的范围已从狭义的人体尺度发展到包含尺度设计、人体运动生理、技术作业的运作研究，包括作业姿态、人机效率、心理研究、环境、材料等众多领域。随着人机工程学日益成熟和完善，它对工业设计的指导性作用也越来越明显。

人机工程学的根本研究方向是通过揭示和运用人、机、环境之间相互关系的规律，以达到确保"人–机–环境"系统总体性能的最优化。"人–机–环境"系统的整体属性并不等于各部分内容的简单相加，而是取决于系统的组织结构及系统内部的协同作用程度。因此，本学科的研究内容应包括人、机、环境各因素，特别是各因素之间的相互关系。

1.　"人"的因素

人在以下各个方面的规律和特性，是"人–机–环境"系统设计的基础。这些研究为"人–机—环境"系统的设计和改善，以及制定有关标准提供科学依据，使设计的工作系统及机器、作业、环境都更好地适应于人，从而创造出安全、健康、高效和舒适的工作和生活条件。

（1）人体形态特征参数：静态尺度与动态尺度。

（2）人体机械力学功能和机制：人在各种姿态及运动状态下，力量、体力、耐力、惯性、重心、运动速度等的规律。

（3）人的劳动生理特征：体力劳动、脑力劳动、静态劳动及动态劳动的人体负荷反应与疲劳机制等。

（4）人的可靠性：在正常情况下人失误的可能性和概率等。

（5）人的认知特性：人对信息的感知、传递、存储、加工、决策、反应等规律。

（6）人的心理特性：包括影响人心理活动的基础（生理与环境基础）、动力系统（需要、动机、价值观理念等）、个性系统（人格与能力）和心理过程（感知、记忆、学习、表象、思维、审美构成的认知，情绪与情感，意志或意动，习惯与定势）等。

人体尺度和动作活动范围的研究是人机工程学早期研究的重点。它为工业设计中产品使用的舒适性提供了理论依据。早在2000多年前，已经有人开始研究人体尺度问题了。最具代表性的是文艺复兴时期达·芬奇创造的标准人体。在设计中，如果有一套正确的人体数据，一切都会变得容易起来。然而要获得一套具有代表性的数据却十分困难，因为人与人之间存在个体差异。所以要设计一件让大部分人使用起来都感觉舒适的产品并不容易。当人们发现在实际生活中，很多尺寸是随着人体运动而不断变化时，动作活动范围这个问题便应运而生。动作的活动范围是从人体尺度的基础上派生而来的，人在生活中总是在不断运动的，很多尺度都不是一成不变的。因此在人体尺度的测量中也不能局限在肩有多宽、腿有多长的表像上，还要关注人在运动中所需的空间、范围有多大。例如：门的设计如果仅仅为了能通过，800 mm 就显得太宽。然而在实际过程中，人的双手不停摆动或提着包裹时，其实际尺寸已发生变化，要顺利地通过，门的宽度至少也得设为800 mm。

随着社会多元化的发展，人们对产品的追求已不只是对功能和使用舒适性的需要，更多的是心理需求。心理需求主要是满足人们精神、情绪及感知上的需求。它是在满足人们基本生理需求基础上的更高一层的需求。对一件产品而言，可以使用，能够完成工作，这就满足了人们基本生理需求。如果该产品不仅能用，而且好用，使人感到极大的舒适和方便，同时又美观、大方，能体现使用者的文化修养、社会地位和层次，那么它又满足了人们的心理需求。心理作用影响人们的各种活动，同样在设计中也发挥作用。人机工程学对心理的研究主要揭示和探索产品使用过程中人的心理规律，从而指导设计。形体是设计的基本要素，通过心理的研究对形体做心理分析，可以使设计师明确心理因素在形体中所起的作用，并以此为依据进行设计。尖锐的形体会使人产生警觉，圆滑的形体会使人感到亲近。这都是形体的变化对人产生的心理影响。设计师通过心理分析而对形体进行改造，这正是心理分析对工业设计指导性作用的重要体现。然而对使用者心理的把握却并非易事。使用者存在年龄、地位、世界观、文化及经济等差异，造成了审美情趣和价值观念各不相同。这就促使设计必须千变万化。任何一个设计都要有针对性，都是为某一群体而设计。

例如：日本的NIDO设计事务所设计的一套幼儿餐具，如图2-5、图2-6所示，它的功能性特点在于它所针对的是幼儿拿东西时的本能——确认手中物体的存在而紧紧握住。然而人们目前所见到的幼儿餐具大多为成人餐具的缩小，使幼儿难以紧握。幼儿不得不依赖母亲喂食，这就影响了幼儿的自信、生活自立。NIDO设计事务所设计的这套餐具尾部上翘弯曲成弓形，下面有一橄榄球状的把柄。幼儿握住橄榄球状的把柄，手背则被上面的弓形柄尾卡住，使之不易滑落。由于其材料采用具有"形状记忆"功能的聚合物，能与各种手形自动吻合。这个极具人性内涵的设计充分关注了幼儿的心理特征。这是心理分析对工业设计指导性作用的一个成功范例。

图2-5 日本的NIDO设计事务所设计的幼儿餐具

图2-6 幼儿餐具

人机工程学对工业设计指导性作用的重要性是显而易见的。但是解决人机问题并不是产品设计中的唯一任务，设计师应考虑到产品生产、销售及使用中的各种因素：功能、成本、材料、生产工艺、销售、使用、回收、形态、色彩等。人机问题要放入整个系统中加以权衡、考虑，不可片面地强调一方面而忽视其他方面。只有这样，才能设计出更多更好的产品来。

2．人机系统的总体设计

（1）人机功能的合理分配。人与机，都有各自的能力、优势与限度，如机器具有功率大、速度快、精度高、可靠性强和不会疲劳的优点，而人具有适应能力、思维能力和创造能力。需要根据各自的特点，设计能够取长补短、相互协调、相互配合的人机系统。

（2）人机交互及人机界面的设计。人、机的相互作用包括物质的、能量的与信息的等多种形式，其中又以人、机之间的信息交互最为重要。人凭借感觉器官通过信息显示器获得关于机器的各种信息，经大脑的综合、分析、判断、决策后，再通过效应器官对操纵控制器的作用，将人的指令传送给机器，使机器按人所期望的状态运行。机器在接受人的操作信息之后，又通过一定的方式将其工作状态反馈于人，人根据反馈信息再对机器的状态做出进一步的控制或调整。信息的交互以人机界面为渠道，信息的输入与输出都通过界面加以转换和传递。界面包括各种图形符号、仪表、信号灯、显示屏、音响装置等构成的信息显示器与各种键、钮、轮、把、柄、杆等构成的操纵控制器等。人机工程学研究如何根据人的因素设计显示器与控制器，使显示器与人的感觉器官的特性相匹配，使控制器与人的效应器官的特性相匹配，以保证人、机之间的信息交换通畅、迅速、准确。

此外还包括系统的安全和可靠性。人机系统已向高度精密、复杂和快速化发展，而这种系统的失效，将可能产生重大损失和严重后果。实践证明，系统的事故大多数是由人为失误造成的，而人的失误则是由人的不可靠性引起的。人机工程学主要研究人的可靠性、安全性及人为失误的特征和规律，寻找可能引起事故的人的主观因素；研究改进人—机—环境系统，通过主观与客观因素相互补充和协调，克服不安全因素，以减少系统中不可靠的劣化概率；研究分析发生事故的人、物、环境和管理等原因，提出预防事故和安全保护措施，搞好系统安全管理工作。

随着信息时代的来临，人机效率对工业设计的指导性作用越来越明显。任何产品的初始信息输入或运行，其调整控制部分总是需要人的干预，总有直接与人交换信息的人机界面。这些界面作用于听、视、嗅、味、触及体觉的信息传递系统以及接收人的操纵控制信息。产品有物理参数，而人具有生理和心理参数。所谓对产品做人机工程学及美学设计就是在这些界面上协调人机之间的关系，使人机系统达到安全、高效、舒适、美观的状态。

在第二次世界大战中，盟军的很多飞机由于飞行员的操作失误而坠毁，很大原因就在于飞机的仪表盘传达出的信息模糊。现今许多产品都安装了漂亮的按键式控制开关，一排形状及色彩完全相同的按键，可辨性极差，键数越多，排得越长，辨认时就越费时间。这是因为按键难以形成"特征"记忆，只能靠位置排序记忆，增加了知识信息的转换过程。相连的按键多于3个就超出了人的一次性瞬时计数能力，出现紧急情况时就可能发生操作失误。图2-7所示为第二次世界大战时法国战斗机仪表和现代飞行仪表对比效果图。在控制面板色彩搭配时，原色最易记忆，间色次之，复色因色感不鲜明，记忆最为困难。

图2-7　第二次世界大战时法国战斗机仪表和现代飞行仪表对比效果图

（3）研究作业场所设计和改善。人机工程学主要研究在各种环境下人的生理、心理反应，对工作和生活的影响；研究以人为中心的环境质量评价准则；研究控制、改善和预防不良环境的措施，使之适应人的要求。目的是为人创造安全、健康、舒适的作业环境，提高人的工作、生活质量，保证人-机-环境系统的高效率。作业场所包括作业空间设计、作业器具设计和作业场所总体布置。人机工程学研究如何根据人的因素，设计和改善符合人的因素的作业场所，使人的作业姿势正确，作业范围适宜，作业条件合理，达到作业时安全可靠、方便高效、不易疲劳、舒适愉悦的目的。研究作业场所设计也是保护和有效利用人、发挥人的潜能的需要。

（4）研究作业及其改善。作业是人机关系的主要表现形式，人机工程学主要研究作业分析、工作成效的测量与评定等；研究人从事体力作业、技能作业和脑力作业时的生理与心理反应，工作能力及信息处理特点；研究作业时合理的负荷及耗能、工作与休息制度、作业条件、作业程序和方法；研究适宜作业的人机界面，除硬件机器外，还包括软件，如规则、标准、制度、技法、程序、说明书、图纸、网页等，都要与作业者的特性相适应。以上研究的目的是寻求经济、省力、安全、有效的作业方法，消除无效劳动，减轻疲劳，合理利用人力和设备，提高系统工作效率。作业姿态以及作业顺序也是人机效率在工业设计中起指导性作用的一个重要方面。要有效利用肢体的能力，达到安全、高效的作用，设计师就必须对人的生理机能作深入的了解。如：人在静态的持续用力情况下会疲劳，双手抬得过高会降低操作精度等。这些生理需要都迫切地要求设计师设计出更加宜人的产品。另外人的生理存在着"精力充沛—疲劳—恢复—精力充沛"这样的循环过程。而我们所需要的是精力充沛。因此设计出的产品要尽量减少劳动者的劳动强度，减少精力消耗，减少疲劳，缩短恢复期。

此外还包括组织与管理。主要研究克服人决策时在能力、动机、知识和信息方面的制约因素，建立合理的决策行为模式；研究改进生产或服务过程，为适应用户需要再造经营与作业流程，不断为产品与技术创新创造条件；研究使复杂的管理综合化、系统化，形成人与各种要素相互协调的作业流、信息流、物流等管理体系和方式；研究人力资源中特殊人员选拔、训练和能力开发，改进对员工绩效评定管理，采取多重激励，发挥人的潜能；研究组织形式与部门界面，便于员工参与管理和决策，使员工行为与组织目标相适应，加强信息沟通和各部门之间的综合协调。

华罗庚曾经以烧一壶水为例对统筹安排有过一段精辟论述："比如，想泡壶茶喝。当时的情况是：开水没有，水壶要洗，茶壶、茶杯要洗；火生了，茶叶也有了。怎么办？办法甲：洗好水壶，灌上凉水，放在火上；在等待水开的时间里，洗茶壶、洗茶杯、拿茶叶；等水开了，泡茶喝。办法乙：先做好一些准备工作，洗水壶，洗茶壶，茶杯，拿茶叶；一切就绪，灌水烧水；坐待水开了泡茶喝。办法丙：洗净水壶，灌上凉水，放在火上，坐待水开；水开了之后，急急忙忙找茶叶，洗茶壶、茶杯，泡茶喝。哪一种办法省时间？我们能一眼看出第一种办法好，后两种办法都窝了工。"

虽然它不是针对某件具体的产品，但其原理是一样的——通过一个适宜人的生理机能的工作顺序，达到更高的工作效率。很多时候完成一件事，可以通过很多种不同的顺序，但只有一种顺序是快速高效的。要设计出高效的工作顺序，就必须遵循"动作经济原则"：保留必要动作，减少辅助动作，去掉多余动作。这就有赖于设计师在人机工程学的指导下对产品进行改良。

（5）研究作业环境及其改善：

① 物理环境：照明、温度、湿度、噪声、振动、空气、粉尘、辐射、重力、磁场等。

② 化学环境：化学污染等。

③ 生物环境：细菌污染及病原微生物污染等。

④美学环境：造型、色彩、背景音乐的感官效果。

⑤社会环境：社会秩序、人际关系、文化氛围、管理、教育、技术培训等。

综上所述，作为一门跨越和交叉多个学科的边缘学科，人机工程学的研究范畴非常广泛，囊括了人、机、环境及其系统。从设计学科（工业设计、艺术设计、建筑学、环境设计、服装设计等）的角度来看，人机工程学更集中地关注"人"的因素，从而对"机"与"环境"的功能、结构、形态、空间、界面、材料、色彩、照明等要素做出适宜人的设计。

2.2.3　人体工程学的研究方法

人体工程学的研究广泛采用了人体科学和生物科学等相关学科的研究方法及手段，也采用了系统工程、控制理论、统计学等其他学科的一些研究方法，而且本学科的研究也建立了一些独特的新方法。使用这些方法来研究以下问题：测量人体各部分静态和动态数据；调查、询问或直接观察人在作业时的行为和反应特征；对时间和动作的分析研究；测量人在作业前后以及作业过程中的心理状态和各种生理指标的动态变化；观察和分析作业过程和工艺流程中存在的问题；分析差错和意外事故的原因；进行模型实验或用电子计算机进行模拟实验；运用数学和统计学的方法找出各变量之间的相互关系，以便从中得出正确的结论或发展成有关理论。目前常用的研究方法有：

1. 观察法

为了研究系统中人和机器的工作状态，常采用各种各样的观察方法，如工人操作动作的分析、功能分析和工艺流程分析等。

2. 实测法

实测法是一种借助于仪器设备进行实际测量的方法。例如，对人体静态和动态参数的测量，对人体生理参数的测量或者是对系统参数、作业环境参数的测量等。

3. 实验法

这是当运用实测法受到限制时采用的一种研究方法，一般在实验室中进行，也可以在作业现场进行。例如，为了获得人对各种不同的显示仪表的认读速度和差错率的数据，一般在实验室进行试验；由于为了了解色彩环境对人的心理、生理和工作效率的影响，需要进行长时间研究和多人次的观测，才能获得比较真实的数据，因此通常在作业现场进行实验。

4. 模拟和模型实验法

由于机器系统一般比较复杂，因而在进行人机系统研究时常采用模拟方法。模拟方法包括对各种技术和装置的模拟，如操作训练模拟器、机械模型以及各种人体模型等。通过这类模拟方法可以对某些操作系统进行仿真实验，得到从实验室研究数据推导所需的更符合实际的数据。因为模拟器和模型通常比其模拟的真实系统价格便宜得多，但又可以进行符合实际的研究，所以应用较多。图2-8所示为罗技三维模型控制器。

图2-8　罗技三维模型控制器

5. 计算机数值仿真法

由于人机系统中的操作者是具有主观意志的生命体，用传统的物理模拟和模型方法研究人机系统，往往不能完全反映系统中生命体的特征，其结果与实际相比必有一定误差。另外，随着现代人机系统越来越复杂，采用物理模拟和模型的方法研究复杂的人机系统，不仅成本高、周期长，而且模拟和模型装置一经定型，就很难作修改变动。为此，一些更为理想和有效的方法逐渐被研究出来，其中的计算机数值仿真法已成为人体工程学研究的一种现代方法。数值仿真是在计算机上利用系统的数学模型进行仿真性实验研究。研究者可对尚处于设计阶段的未来系统进行仿真，并就系统中的人、机、环境三要素的功能特点及其相互间的协调性进行分析，从而预知所设计产品的性能，并进行改进设计。应用数值仿真研究，能大大缩短设计周期，并降低成本。

6. 分析法

分析法是上述各种方法中获得了一定的资料和数据后采用的一种研究方法。目前，人体工程学研究常采用以下几种分析方法：

（1）瞬间操作分析法。生产过程一般是连续的，人和机械之间的信息传递也是连续的。但要分析这种连续传递的信息很困难，因而只能用间歇性的分析测定法，即采用统计学中的随机采样法，对操作者和机械之间在每一间隔时刻的信息进行测定后，再用统计推理的方法加以整理，从而获得人机环境系统的有益资料。

（2）知觉与运动信息分析法。人机之间存在一个反馈系统，即外界给人的信息，首先由感知器官传到神经中枢，经大脑处理后，产生反映信号再传递给肢体对机械进行操作，被操作的机械又将信息反馈给操作者，从而形成一个反馈系统。知觉与运动信息分析法，就是对此反馈系统进行测定分析，然后用信息传递理论来阐述人机间信息传递的数量关系。

（3）动作负荷分析法。在规定操作所必须的最小间隔时间条件下，采用电子计算机技术来分析操作者连续操作的情况，从而推算操作者工作的负荷程度。另外，对操作者在单位时间内工作的负荷进行分析，可以获得用单位时间的作业负荷率来表示操作者的全部工作负荷的机会。

（4）频率分析法。对人机系统中的机械系统使用频率和操作者的操作动作频率进行测定分析，其结果可以获得作为调整操作人员负荷参数的依据。

（5）危象分析法。对事故或者近似事故的危象进行分析，特别有助于识别容易诱发错误的情况，同时也能方便的查找出系统中存在的而又需用较复杂的研究方法才能发现的问题。

（6）相关分析法。在分析方法中，常常要研究两种变量，即自变量和因变量。用相关分析法能够确定两个以上的变量之间是否存在统计关系。利用变量之间的统计关系可以对变量进行描述和预测，或者从中找出合乎规律的东西。例如，对人的身高和体重进行相关分析，便可以用身高参数来描述人的体重。统计学的发展和计算机的应用使相关分析法成为人机工程学研究的一种常用方法。

（7）调查研究法。目前，人机工程学专家还采用各种调查方法来抽样分析操作者或使用者的意见和建议。这种方法包括简单的访问、专门调查、精细的评分、心理和生理学分析判断以及间接意见与建议分析等。

7. 心理测验法

心理测验法是以心理学中个体差异理论为基础，对被试个体在某种心理测验中的成绩与常模作比较，用以分析被试心理素质的一种方法。这种方法广泛应用于人员素质测试、人员选拔和培训等方面。

心理测验按测试方式分为团体测验和个体测验。前者可以同时由许多人参加测验，比较节省时间和费用；后者则个别地进行，能获得更全面和更具体的信息。心理测验按测试内容可分为能力测验、智力测验和个性测验。

测验必须满足以下两个条件：第一，必须建立常模。常模是某个标准化的样本在测验上的平均得分。它是解释个体测验结果时参照的标准；只有把个人的测验结果与常模作比较，才能表现出被试的特点。第二，测验必须具备一定的信度和效度，即准确而可靠地反映所测验的心理特性。由于受情绪等因素影响，人的心理素质并非是恒定的，所以不能把测验结果看成是绝对不变的。

8. 感觉评价法

感觉评价法（sensory inspection）是运用人的主观感受对系统的质量、性质等进行评价和判定的一种方法，即人对事物客观量作出的主观感觉度量。在人机工程学的研究中，离不开对各种物理量、化学量的测量，如噪声、照度、颜色、干湿度、气味、长度、速度等，但还须对人的主观感觉量进行测量。客观量与主观量之间存在一定差别关系。在实际的人—机—环境系统中，直接决定操作者行为反应的是其对客观刺激产生的主观感觉。因此，对人有直接关系的人—机—环境系统，在进行设计和改进时，测量人的主观感觉非常重要。这种方法在心理学中经常应用，称之为心理测量法。过去感觉评价主要依靠经验和直觉，现在可应用心理学、生理学及统计学等方法进行测量和分析。

感觉评价对象可分为两类，一类是对产品或系统的特定质量、性质进行评价；另一类是对产品或系统的整体进行综合评价。现在前者可借助计测仪器或部分借助计测仪器进行评价；而后者只能由人来评价。感觉评价的主要目的有：按一定标准将各个对象分成不同的类别初等级；评定各对象的大小和优劣；按某种标准度量对象大小和优劣顺序等。

一项优良设计必然是人、环境、技术、经济、文化等因素巧妙平衡的产物。为此，要求设计师有能力在各种制约因素中，找到一个最佳平衡点。从人机工程学和工业设计两学科的共同目标来评价，判断最佳平衡点的标准，就是在设计中坚持"以人为本"的主导思想。"以人为本"的主导思想具体表现在各项设计均应以人为主线，将人机工程学理论贯穿于设计的全过程，以保证产品使用功能得以充分发挥。图2-9所示的办公座椅便是符合人机工程学的产品代表。

图2-9　符合人机工程学的办公座椅

2.3　设计心理学

2.3.1　设计心理学的概念

"设计"是设想、运筹、计划与预算，它是人类为实现某种特定目的而进行地创造性活动。"心理"是心理现象、心理活动的简称。心理学就是研究人的心理现象及其发生、发展规律的科学。设计心理学是建立在心理学基础上，是把人们心理状态，尤其是人们对于需求的心理，通过意识作用于设计的学科。设计心理学同时研究人们在设计创造过程中的心态，以及设计对社会和对社会个体所产生的心理反应，反过来再作用于设计，起到使设计更能够反映和满足人们心理的作用。设计心理学是以心理学的理论和方法手段去研究决定设计结果的"人"的因素，从而引导设计成为科学化、有效化的新兴设计理论学科。

2.3.2　理论产生与发展

1. 概况

心理学（psychology)由希腊文字中的psyche（灵魂、心智）和 logos（讲述）两个字演变而成，是通过行为研究人的心理现象的一门学科。心理学作为一门学科，产生于19世纪的德国。在19世纪末至20世纪初期，由于人们对心理研究对象和方法的看法不同，加之各种哲学思潮的影响，心理学领域出现了许多流派，它们研究的重点不同，观点各异，争论不休。直到20世纪30年代以后，各个学派之间才开始形成了相互学习，取长补短，兼收并蓄，积极发展的局面。心理学作为一门独立的科学在中国的发展，是从19世纪末和20世纪初开始的。鸦片战争以后，西方心理学思想开始传入中国。

2. 心理学的主要流派与代表人物及理论

（1）构造主义学派：由德国构造派心理学家冯德和他的学生所创立，他们认为"心理学的任务就在于分析意识的构造活动内容，分析各种心理状态是由什么心理元素所构成，其结合的方式和规律是什么。

（2）机能主义学派：由美国心理学家詹姆士所创立。他认为：心理学不能只分析意识的内容，还应分析意识的机能或功用，强调心理意识是人适应环境的产物，认识和行为是人类适应环境的产物。

（3）格式塔（整体）学派：由德国人魏特曼所创立，强调心理现象的结构性和整体性，他认为：知觉不是感觉机械相加的总和，思维也不是观念的简单结合，而是一个有结构的整体，他特别重视整合各部分之间的动态联系，以及创造性思维的发挥。

（4）行为主义心理学派：由美国人华生所创立，他认为心理学不应该只研究心理意识，而应当研究人的肌体和行为，用刺激和反应的公式解释人的行为。

（5）精神分析学派：由奥地利心理学家弗洛伊德所创立，他认为"人的心理不仅只有意识，而且还有潜意识和前意识。潜意识包括本能的冲动和欲望以及行为受到现象压抑等情绪。前意识是潜意识中被召回的部分，是人们能够回忆起来的经验，它是意识和潜意识的中介和过度。

（6）人本主义学派：由美国人马斯洛创立，主张心理学要说明人的本质特性，人的内在情感和潜在智能，要研究人的需要、尊严、价值、创造力和自我实现，在此基础上他提出了需要层结论：生理需要、爱与归属需要、尊重需要和自我价值实现需要。

2.3.3　设计心理学的基本内容

设计心理学的研究对象，不仅仅是消费者，还应包括设计师。消费者和设计师都是具有主观意识和自主思维的个体，都以不同的心理过程影响和决定设计。产品形态、其使用方式及文化内涵只有符合消费者的要求，才可获得消费者的认同和良好的市场效应；而设计师在创作中必然受其知识背景的作用，即使在同样的限制条件下也会产生不同的创意，使设计结果大相径庭。为避免设计走进误区和陷入困境，更应该从心理学研究角度予以分析和指导。因此，设计心理学的一个重要内容就是消费者心理学，主要研究购买和使用商品过程中影响消费者决策的，可以由设计来调整的因素；对设计师而言，就是如何获取及运用有效的设计参数。另一个重要的内容是设计师心理学，主要从心理学的角度研究如何发展设计师的技能和创造潜能。

1. 消费者心理

消费者是指任何接受或可能接受产品或服务的人。消费者心理是指消费者的心理现象，消费者心理学集中研究消费者如何解读设计信息，消费者认识物的基本规律和一般程序；不同国家、不同地域、不同的年龄层次的人的心理特征，不同特征的人群对色彩和形态的偏好；各个国家的设计特色，结合这个国家或民族心理特征的综合分析；如何采集相关信息并进行设计分析；以及消费者在购买决策过程中，由设计决定的各种因素。

2. 设计师心理

设计师心理是指以设计师的培养和发展为主题。设计师一向遵循个人主义思想，但这不完全是设计师的责任，而是可以尽量避免。设计心理学可以对设计师的情商（Emotional quality情绪智力，简称EQ）进行训练和教育，以促进设计师以良好的心态和融洽的人际关系进行设计，并与客户和消费者有效地沟通，使他们能够敏锐地感知市场信息，了解消费动态。设计师心理学是对设计师的深层意义上的研究和训练。由于设计师不可能精通方方面面的知识，因此，与其他专业的专家在不同程度上的协作十分必要。

按照设计的内容物的不同，设计心理学的侧重点也不同。因此，设计心理学不但要有各设计专业普遍适用的基本内容，而且应针对专业的不同，建构与各专业相适应的设计心理学内容，才能使设计师在有限的时间内学习和掌握必要的设计心理学知识。

2.3.4　设计心理学的研究方法

1. 观察法

观察法是心理学的基本方法之一，所谓的观察法是在自然条件下，有目的、有计划地直接观察研究对象的言行表现，从而分析其心理活动和行为规律的方法。观察法的核心是按观察的目的，确定观察的对象、方式和时机。观察记录的内容应包括观察的目的、对象、时间，被观察对象的言行、表情、动作等的质量和数量，另外还有观察者对观察结果的综和评价。观察法的优点是自然、真实、可靠，简便易行，花费低廉；缺点是被动的等待，并且事件发生时只能观察到怎样从事活动，而不能观察到为什么会从事这样的活动。

2. 访谈法

访谈法是通过访谈者与受访者之间的交谈，了解受访者的动机、态度、个性和价值观的一种方法，访谈法分为结构式访谈和无结构式访谈。

3. 问卷法

问卷法就是事先拟订出所要了解的问题，列出问卷，交消费者回答，通过对答案的分析和统计研究得出相应结论的方法。主要有三种形式：开放式问卷、封闭式问卷和混合式问卷。该方法的优点是短时间内能收集大量资料的有效方法，缺点是受文化水平和认真程度的限制。

4. 实验法

实验法是有目的地在严格控制的环境中、或创设一定的条件的环景中诱发被试者产生某种心理现象，从而进行研究的方法。

5．案例研究法

案例研究法通常以某个行为的抽样为基础，分析研究一个人或一个群体在一定时间内的许多特点。

6．抽样调查法

抽样调查法是揭示消费者内在心理活动与行为规律的研究技术，可分为概率性抽样和非概率性抽样两种类型，前者只适合定期做，可判断误差，但费用较高、周期较长、不方便；后者则可以经常做，但不能判断误差，费用低、周期短、比较方便。

7．投射法

投射法能够克服消费者自觉或不自觉掩饰自己真实想法的缺点，使调查者能够真实的了解受访者或受测者的真实动机和态度。这种研究方法不让被测者直接说出自己的动机和态度，而是通过他对别人的描述，间接的表现出自己的真实动机和态度。这种方法又称角色扮演法。

8．心理描述法

心理描述法是一种扩展了消费者个性变量测量（包括测量有关的行为概念），以鉴别消费者在心理和社会文化特点这个广泛范围内差异的一种有效技术。其特点一是内在评测，所评测的相对而言是模糊的和难以捉摸的变量，如兴趣、态度、生活方式和特点等；二是定量评测，即研究的消费者的特点是定量的而不是定性的。

2.3.5　研究意义

设计是一个艰苦创作的过程，与纯艺术领域的创作有很大的差别，不可能天马行空，放任自由，必须在许多的限制条件下综合进行。因此，积极地发展有设计特色的设计创造思维是设计心理学不可或缺的内容。传统的消费观关注的是物，只要能够充分发挥物质效能的设计就是好的设计。现代消费观越来越关注人，对设计的要求和限制越来越多，人成为设计最主要的决定因素，人们不仅要求获得商品的物质效能，而且迫切要求满足心理需求。设计越向高深的层次发展，就越需要设计心理学的理论支持。设计学科的边缘性特点，决定了设计心理学也是一门与其他学科交叉的边缘子学科，完全隔断它们之间纵横交错的关系是不可能的。设计心理学的范围很难绝对界定，它随着相关学科的发展而发展，不可割裂设计心理学与其他学科的关系。设计心理学的研究是必要而迫切的，但首要的是理清思路，这对于设计心理学的系统化和完善意义重大。

2.4　产品符号学

2.4.1　"符号学"与"产品符号学"

符号学（semiotics）一词来自古希腊语中的semiotikos，就是研究符号的一般理论的学科，研究符号的本质、符号的发展变化规律、符号的各种意义、各符号相互之间以及符号与人类多重活动之间的关系。符号学理论认为，人的思维是由认识表象开始的，事物的表象被记录到大脑中形成概念，而后大脑皮层将这些来源于实际生活经验的概念加以归纳、整理并进行储存，从而使外部世界乃至自身思维世界的各种对象和过程均在大脑中形成各自对应的映像；这些映像以狭义语言为基础，又表现为可视图形、文字、语言、肢体动作、音乐等广义语言。这种狭义与广义语言的结合即为符号。依此，产品是一种具有意指、表现与传达等类语言作用的综合系统。将符号学原理应用到产品领域，便形成了产品符号学。

早在1950年，德国乌尔姆设计学院就提出了"设计记号论"，设计师和学者不断地坚持和发展这一理论。1960年代德国乌尔姆造型学院就探讨过符号学的应用。后来德国的朗诺何夫妇（Helga Juegen, Hans Juegen Lannoch）、美国的克里本多夫（Klaus Krippendorff）明确提出了产品符号学。按照美国哲学家莫里斯对符号学的分类方法，产品符号学分为产品语用学、产品语义学和产品语构学三部分。产品语用学研究关于造型的可行性及环境效应与人的关系；产品语义学研究造型形态与语意的关系；产品语构学研究产品功能结构与造型的构成关系。

2.4.2　符号学的渊源

早在原始社会，人们就有了实用和审美两种需求，并且已经开始从事原始的设计活动，以自觉或不自觉的符号行为丰富着人们的生活。从甲骨文到图腾图案，都记载了古人社会生活有秩序进行的信息。当事物作为另一事物的替代而代表另一事物时，它的功能被称之为"符号功能"，承担这种功能的事物被称为"符号"。

符号学原来主要研究语言特别是形式化语言问题，方法与对象都比较单一，而在当代符号学的研究中则融入了逻辑学、哲学、人类学、心理学、社会学、生物学以及传播学和信息科学的方法与研究成果。依照杜克洛与托多罗夫的看法，现代符号学的理论来源主要有四个方面：一是索绪尔的现代语言学理论；二是美国哲学家和逻辑学家查·桑·皮尔士（C.S.Pierce, 1839-1914）的符号论思想；三是现代逻辑学；四是恩斯特·卡西尔（E.Cassirer）、苏珊·朗格（Susanne K.Langer）的符号形式哲学。

2.4.3　产品符号学的特征

符号是负载和传递信息的中介，是认识事物的一种简化手段，表现为有意义的代码和代码系统。产品设计中的符号特性应该具有以下四个特点：认知性、普遍性、约束性和独特性。产品所负载的信息与产品造型本身是合而为一的，即产品所要表述的正是产品自身。因此产品通过符号的表达能够起到"自我说明"的作用，甚至可以表达一定的感情。

从符号学的角度来说，任何信息的传播都必须遵循统一的代码系统，即传讯者和接受者共同约定的编、解码方式。产品具备两种符号特征：一是表达产品自身功能的符号；二是体现使用者精神需求和象征消费文化的符号。产品形态符号正是利用人特有的感知力，通过类比、隐喻、象征等手法来描述产品，使产品的使用者在其引导下能按照符号编制者的意图做出反应，正确使用产品。通过使用与反馈使设计者对形态语言的运用和把握更为准确，逐步使产品成为一个有机的综合符号系统。

2.4.4　产品形态符号的表达

1. 表达层次

产品形态符号意义的传达，可以分为两个层次。

第一层是明示层次，是消极的运用符号，其最高目标就是传递实用功能信息。例如，一些按钮表面做成凹形或是凸形，暗示手指按压；采用不同的材质，并呈现手的负形，暗示手把握的动作；通过旋钮形式和侧面花纹粗细，来说明转动量的大小和用力的大小；按键同屏幕配合，合作指示如何使用。

第二层是内涵层次，积极的运用符号，达到审美的体验，其方式很多。例如，整个产品造型曲面起伏，表现一种张力，给人充满生命力、活力的象征；音响使用黑色暗示神秘性，照相器材使用黑色暗示专业性器材；借用其他符号，营造愉快的氛围。

2. 表达内容

产品的符号语言主要体现在形态上。形态是产品有机整体的一个重要组成部分。

（1）产品形态是一种表象形符号，产品形态一次性、同时地将意象完整的呈现出来。形态符号的印象是整体的、有机的、不可分割的。形态符号更加注重形态整体中所体现出的相互依赖、相互制约的统一、和谐的关系。形态符号只有同周围的环境、民族、地区和时代文化背景相互作用才能产生意义。例如，新"甲壳虫"汽车让熟知他过去的人眼前一亮，如图2-10所示。变化的是时代，不变的是情怀。

（2）产品形态受到功能目标和工程技术的制约，变化并不能随心所欲，而是具有一定组织结构，如图2-11所示的锤子，即是为了满足使用功能的形态表达。产品形态可以根据功能、结构和工艺的逻辑，分解成若干部件。这些部件由于自身功能提供的某种表意的形式条件，构成产品符号。如建筑中的梁、柱、门、窗、地板、楼盖体系都是明显的形态符号；产品中的按钮、指示灯、喇叭、手柄等功能结构部件也是形态符号的常见元素。产品形态具有的功能美和艺术作品的美相比，差异在于二者的产生原因不同：前者是为了使用，后者是为了表达"观念"。产品形态的功能美是形式与内容和目的性的展现。

（3）产品形态按照构成原理，可以归纳为三维抽象意义上的点、线、面、体和他们之间的关系结构。苏珊·朗格的著作《艺术问题》中论证了形式与情感的关系，认为形式本身具有表现力，是情感的演化。由于同某种事物相似的演化和视觉图式的约定俗成，抽象的三维点、线、面、体获得了象征意义。如图2-12所示的德国BMW概念车尾部造型，即是为了满足审美功能的形态表达。

图2-10　"甲壳虫"汽车

图2-11　锤子——满足使用功能的形态表达

（4）产品形态建立秩序，符号形成体系。产品的整体有机的视觉形象不仅便于人们感受产品，而且还可以丰富人们的视觉。图2-13所示的这款创意椅子是由瑞典设计师Markus Johansson设计，从形式结构上打破传统椅子的设计思维，椅子通过简单的木棍组合而成，结构设计非常巧妙，时尚而潮流的外观下蕴含着设计师对美好生活的向往。

图2-12　德国BMW概念车尾部造型

——满足审美功能的形态表达

图2-13　创意椅子（瑞典，Markus Johansson设计）

（5）产品形态中的标志和指示操作说明性图例，也是一种形态符号。标志是厂家营销的重要手段，是在竞争激烈的市场区别异己的标示。在当今，标志传递多方面的信息，更是品质、身份的象征。标志放在汽车最显眼的前脸，非常自然的组成了产品形态，如图2-14所示。

图2-14　品牌标志明显的奔驰汽车

3. 注意事项

在产品设计的符号学具体应用上,应该注意以下几个问题:

（1）要注意符号的含义、符号的选择，要按照设计符号的特性，符号系统的量、质的双重特点进行把握。在符号的组合上，也要注意符号系统的整体性，主调应该突出，而不应该是符号的各自为阵简单堆加。

（2）要注意符号传达的双向性，即产品不只是单向传达的被设计物体，还承担着向使用者进行信息反馈的任务。要通过某种特定的手段使产品的符号传播成为一个双向交流的过程。设计师与消费者以产品符号为媒介进行交流。只有这样符号系统传达的信息才能为消费者了解或部分了解，从而减少企业与消费者之间的认知差异，提高产品设计的成功率。

（3）要注意产品符号对人的心理及情感的影响。随着社会产品的富足和主体精神的重现，人们在基本的物质需要得到满足以后，就开始向社交、自尊、发展的精神需求转变，努力追求完美无缺的精神享受和心理满足。内隐的情感，感性的需要，日益成为生活的主题。因此设计符合现代人的生理及心理需求的感性符号、感性产品已尤为重要。

（4）现代产品已经成为一个具有全方位意义的概念，产品符号系统已不仅仅局限于产品自身，还涉及产品包装、广告、展示等设计要素，这就要求人们注意品牌产品一致性的塑造。在认知运作中，利用连续的事件来促使消费者不断强化关于品牌产品的某些符号属性和感觉，从而产生某种熟识和经验，以有助于消费者迅速而正确地理解品牌产品所传达的完整信息。产品设计要利用符号系统的持续一致来传递、强化品牌含义。这对消费者的分析、选择乃至产生购买欲望至关重要。

符号学在产品设计中具有非常重要的作用，在产品设计中应按照符号传达的特点，把产品作为一个整体的符号系统进行考虑。只有这样才能使所设计的产品真正做到好用、易用，以满足不同消费阶层的需要,成为真正具有竞争力的产品。

2.5　设 计 美 学

设计是艺术的一种门类，美学研究的是美和审美等问题，是和艺术相通的，因此设计与美学放在一起理所当然。然而，设计美学不是简单地将设计和美学相加，而是将设计和美学融会贯通，从美学的角度看待设计，把美学的精髓寓于设计当中，从而成为一种新的学科理论。但是，设计美学却又离不开设计和美学两个部分，并与它们密切相关。德国哲学家马丁·海德格尔[①]这样形容美："美存在而不可言"。许多研究者也这样认为：美永远存在于人与自然世界在精神上的一体性状态中，或人与一定的对象之间在精神上的相融为一状态当中，使人心灵充满了无限的纯精神的愉悦之情。美是自由意志或人性与生俱来的向往状态，从而人们进入这种状态时就会快乐无比。

2.5.1　美学

美学这一词汇源于希腊语aesthesis，本意是"对感观的感受"，由德国哲学家亚历山大·戈特利布·鲍姆加登[②]，于1750年在《美学》（Aesthetica）中首次提出和使用，之后美学作为一个独立的学科得到了发展。直到19世纪，美学在传统古典艺术的概念中通常被定义为研究"美"的学说。现代哲学将美学定义为认识艺术、科学、设计和哲学中认知觉的理论及哲学。一个客体的美学价值并不是简单的被定义为"美"或者"丑"，而是去认识客体的类型和本质。

美学是哲学的一个分支学科，它以对美的本质及其意义的研究为主题，从人对现实的审美关系出发，以艺术创作为主要对象，研究美、崇高等审美范畴和人的审美意识、美感经验以及美的创造、发展及其规律。美学研究的是艺术中的哲学问题，因此也被称为"美的艺术哲学"。

[①]　马丁·海德格尔(Martin Heidegger 1889—1976)，德国哲学家，20世纪存在主义哲学的创始人和主要代表之一。

[②]　亚历山大·戈特利布·鲍姆嘉登（A.G.Baumgarten 1714—1762），德国普鲁士哈利大学的哲学教授。他关于美学的主要观点集中在两个方面：一是他把美学规定为研究人感性认识的学科。鲍姆嘉登认为人的心理活动分知、情、意三方面。研究知或人的理性认识有逻辑学，研究人的意志有伦理学，而研究人的情感即相当于人感性认识则应有"Aesthetic"。"Aesthetic"一词来自希腊文，意思是"感性学"，后来翻译成汉语就成了"美学"。1750年鲍姆嘉登正式用"Aesthetic"来称呼他研究人的感性认识的一部专著。他的这部著作被当作历史上的第一部美学专著。二是鲍姆嘉登认为："美学对象就是感性认识的完善。"

2.5.2　设计

从广义上来看，设计就是设想、计划与运筹，它是人类为实现某种特定的目的而进行的创造性活动，是人类改变自我、改变世界的创造性活动。人类只有不断地改变，在理论的指导下向好的方向改变，自身才能进步，世界才能发展。从这个意义上说，设计是人类发展的基础。

从狭义上来看，设计是一种审美活动，设计的任务是要实现设计者的意图，设计者的意图就是要表现美、创造美。设计学作为一门新兴的学科产生于 20 世纪，是一门在掌握技术和艺术的基础上，把两者在实践中相结合的学科，它研究的对象、范围和其具体应用等都不同于传统的艺术学科。经过一个世纪的发展，设计学已经从对一般原理的研究扩大到了对专门性学科和分支学科的研究，这种发展为设计美学的诞生创造了有利条件。

2.5.3　设计美学

设计美学，即把美学原理运用到设计领域之中。设计美学将设计的审美规律和美学问题联系起来，是技术与艺术的交融、渗透，技术与艺术的结合。设计美学是在现代设计理论和应用的基础上，结合美学与艺术研究的传统理论而发展起来的一门新兴学科。它的出现不仅是对设计领域的总结，而且还是对现代设计的促进。工业设计作为产品升级换代和设计创新的有效手段，在提高产品质量和销售方面起着举足轻重的作用。美的设计是超越功能实用因素的精神创造。

在手工业时代，设计和制造不是分离的，而是结合在一起的，人们按照自己的意愿制造器物，这就是最简单、最原始的设计；从工业革命开始的早期工业化时代，标准化、机械化的大批量生产迫使设计从制造业中分离出来，成为一种独立的职业；进入成熟期工业社会和后工业社会时代后，人们意识到：由于在上一阶段中两者的分离直接导致了产品造型质量的下降和低劣，因此人们将设计活动与制造生产重新结合，并加以重视；到了现代工业社会，艺术创造、科技生产等也被纳入到设计与制造的考虑范围，随之产生了评价产品质量的现代观念；在科学技术迅猛发展和社会文明程度不断提高的现代工业化大生产背景下，人们对物质需求、精神需求的观念发生了翻天覆地的变化，尤其是对工业产品审美要求的普遍提高，是设计美学诞生的催化剂。大致在德国包豪斯时期，现代设计美学随着现代设计运动的兴起而诞生了。

设计是一种极致的单纯，是用最简洁的符号语言创造出最有代表性最有深刻意义的艺术作品。无论是平面的还是立体的，无论是一维的，还是多维的，无论是简单的，还是复杂的，一经设计师巧妙之手便意味无穷，意义深远，给人一种前所未有的审美愉悦。任何艺术都是美的载体，只不过因为艺术成分不同，不同的艺术样式表现出不同的和谐。设计通过自己别具一格的形式把自己的美展现的淋漓尽致，主要以自己的形式美和形而上[①]之美吸引别人。

2.5.4　设计美学的特点

1．设计美学具有多元性

设计美学在构成上是多元的，是多种美的形态综合的产物。设计美与艺术美、自然美、社会美、科学美、技术美不同，因为它包含有诸多的美。它不仅是美的一种门类，更是美的一种

---

① 　"形而上"出自《易经·系辞》。原文："形而上者谓之道，形而下者谓之器。"简单讲，形而上是指比较抽象的规律、原则；形而下是指具体的、感性的事物。

现实性的客观存在。

2．设计美学具有社会性

设计美学在范围上是大众的、公共的。它与"艺术设计是一项社会工程"的特点直接联系在一起。历史上，现代设计就是在对抗所谓的"精英文化"和"贵族设计"的过程中而产生的。同时，设计与社会各个阶层、各个类型的消费者打交道，或者说以消费市场为导向并能引导大众的审美情趣。设计离不开具有社会属性的人。

3．设计美学具有功利性

设计本身就具有功利性，设计美学的功利性是指人对客体的实用态度。设计的主题是"为人"，消费者接受并购买一种好的设计的一条重要标准就是"迎合自己"。

4．设计美学具有文化性

设计是一种文化创造。设计一方面要吸取前人积累的文明成果，另一方面优秀的设计也可以被看做是对人类文化的新贡献，构成文化的一部分。设计美学的文化性也体现在这两个方面，即设计美的审美主体与审美客体既是社会文化积淀的产物，同时又是促成人类文化不断生成、发展的动因。

真正美的东西是被大众所接受的，不会随着时间的流逝而逊色。再好看的东西，没有观众也就无所谓艺术，更无所谓设计，也或者这种东西本身就值得怀疑。优秀的作品是为大众所欣赏的，为大众服务的。设计的种种优点，使设计魅力无穷，而且这种魅力还将不断地延伸。

2.6 形态语意学

2.6.1 形态语意学

1．形态语意学的概念

形态语意学是研究形态的语意含意的理论学科，它研究形态语言的本质，形态语言的意义及表达。它包括形态语言结构变化规律，形态语言表达及使用之间的关系等。通过语意、结构及语境三位一体的系统来实现语意的表达。任何形态的存在有其自身的功能结构、形态特征及相关表现，同时也传递一定的信息情感及情感升华，这就使形态和含义紧密联系在一起。人们的感知系统包括视觉、触觉、听觉、嗅觉、味觉五种，在这五种感知系统中，涉及到视觉的主要形式就是形态。

形态是事物的内在本质的外部表现。任何事物都有其外在的表现形式，也就是形态，它包含了事物外部物质形状和使人们产生心理感受的情感形式两方面。事物的内在本质决定形态外部变化和发展方向，人对形态的要求及形态本质延伸的心理情感的要求是本能的，也是不断提高的。

形态的主体构造，又是由许多下一级内容组合而成的，这些内容是材质、质量形态要素、形式规律等。形态语意之一的语言特色，为形态语言观念的创造提供了很大的发展余地，分析中发现，同一概念形态语意，由于组合内容的多样性给语言设计者提供了很大的选择空间。

　　形态语言的结构特点决定其具有一种天生的发展形态内容和产生新形态语意的能力，人造物在制作中都存在某种意义，它以一种物质的实质形式而存在，以一种文化情感、象征意义的形式而存在。这种形体造型的语意解析可从概念的文字分析，也可从概念的形态语意分析，可通过概念关系把概念的文字语言转换成触目可感的形态语言，也可使形态语言传递暗示心理信息，启示物的本质特征，准确生动的传递语言信息。图2-15所示为形态各异的灯具设计，其材质、形态要素、形式规律都不同，显示出的产品风格也相差较大。

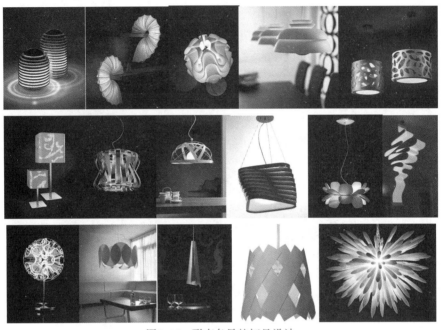

图2-15　形态各异的灯具设计

　　2. 形态语意传达的要素

　　（1）形态的语意表达。三维形体的形态要素方面主要是从其立体要素与空间要素来实现，立体是三维造型中的重要元素，具有很强的充实感，生活中的应用范围也很广泛。在不同的形态中，大致可分为几何体和有机体，几何体包括圆柱体、圆锥体、立方体等，而有机体，又可分为单体和组合体。单体与材质有机结合时又可传达出众多的情感，或柔或硬朗，或温润或粗糙等。

　　从形体要素组合来说，它是由众多的点、线、面及肌理等要素形成的，这里又涉及到点、线、面运用的问题。例如，点具有一定的体量，如排列得当会形成一定的"空间"，也会体现强烈的空间和力量感。再如，线决定形体的方向，并根据粗细不同，形态不同，体现出轻重的视觉心理效果，直线、曲线、折线，会体现刚性，硬朗、柔和、动感及速度等语意。再如，面的形态也能够传达相应挺拔、柔美、体量等语意。对称或矩形能显示空间严谨，有利于营造庄严、宁静、典雅、明快的气氛；圆和椭圆形能显示包容，有利于营造完满、活泼的气氛；用自由曲线创造动态造型，有利于营造热烈、自由、亲切的气氛。特别是自由曲线对人更有吸引力，它的自由度强，更自然、也更具生活气息，创造出的空间富有节奏、韵律和美感。流畅的曲线既柔中带刚，又能做到有放有收、有张有弛，完全可以满足现代设计所追求的简洁和韵律感。曲线造型所产生的活泼效果使人更容易感受到生命的力量，激发观赏者产生共鸣。

利用残缺、变异等造型手段便于营造时代、前卫的主题。残缺属于不完整的美，残缺形态组合会产生神奇的效果，给人以极大的视觉冲击力和前卫艺术感。造型艺术能够表现人投入的空间情态，如体量的变化、材质的变化、色彩的变化、形态的夸张或关联等，都能引起人们的注意。

立体造型只有借助其所有外部形态特征，才能成为人们的使用对象和认知对象，才能发挥自身的功能。在使用这些形态要素时，努力对形态语意进行分析，从而更准确使用设计要素，形成准确的语意表达，通过形态特征还能表现出象征性、档次、性质和趣味性等方面以及作品的技术特征、功能和内在品质等。

（2）色彩的语意表达。作为形态的色彩外观，不仅具备审美性和装饰性，而且还具备符号意义和象征意义。作为视觉审美的核心，色彩深刻地影响着人们的视觉感受和情绪状态。人类对色彩的感觉最强烈、最直接，印象也最深刻，形态的色彩来自于色彩对人的视觉感受和生理刺激，以及由此而产生的丰富的经验联想和生理联想，从而产生复杂的心理反映。立体形态设计中的色彩，包括色相、明度、纯度，以及色彩对人的生理、心理的影响。它服从于造型的主题，使造型更具生命力。色彩给人的感受是强烈的，不同的色彩及组合会给人带来不同的感受：红色热烈、蓝色宁静、紫色神秘、白色单纯、黑色凝重、灰色质朴等，其表达出的不同情绪成为不同的象征。

苹果公司所生产的个人计算机G3时代，人们看到的是多彩、透明、绚丽的外观，体现活泼的气氛、给人时尚的感受，如图2-16所示。

图2-16 苹果G3台式个人计算机和苹果ibook G3

在G4时代，呈现的是半透明、银灰色的外观，每个细节都体现着科技时尚，如图2-17所示。色彩的符号象征应依据产品表达的主题，体现其诉求。而对色彩的感受还受到所处时代、社会、文化、地区及生活方式、习俗的影响，反映着追求时代潮流的倾向。

图2-17 苹果 G4计算机主机和苹果Power Book G4

（3）材料的语意表达。材质对知觉心理过程的影响是不可否认的，而质感本身又是一种艺术形式。如果作品的空间形态是感人的，那么利用良好的材质可以使产品设计以最简约的方式充满艺术性。材料的质感肌理是通过表面特征给人以视觉和触觉感受，以及心理联想及象征意义。立体形态中的肌理因素能够暗示使用方式或起警示作用。人们早就发现手指尖上的指纹使把手的接触面变成了细线状的突起物，从而提高了手的敏感度并增加了把持物体的摩擦力，这使产品尤其是手工工具的把手获得有效的利用并作为手指用力和把持处的暗示。通过选择合适的造型材料来增加感性、浪漫成分，使作品与人的互动性更强。

在选择材料时不仅需用材料的强度、韧性等物理量来作评定，而且还需考虑用材料与人的情感关系远近来作为重要的评价尺度。不同的质感肌理能给人不同的心理感受，如玻璃、钢材可以表达产品的科技气息，木材、竹材可以表达自然、古朴、人情意味等。材料质感和肌理的性能特征将直接影响到材料用于所制作品后最终的视觉效果。造型设计时应当熟悉不同材料的性能特征，对材质、肌理与形态、结构等方面的关系进行深入地分析和研究，科学合理地加以选用，以符合作品设计的需要，传递特定的语言含义。通过对基本要素的形态及构成方法、材料等方面的合理应用，使立体形态传递语意特征。

2.6.2　产品形态语意学

1. 产品形态语意学的含义

语意的原意是语言的意义，而语意学则为研究语言意义的学科，形态语意学则是研究构成形态的元素符号的意义。正如人们经常使用"设计语言""图形语言"或"肢体语言"那样，作为人所制造的产品同样可以看成具有类似语言功能的一种符号系统。设计界将研究语言的构想运用到工业产品设计上，并运用语言的传达、表述、明喻、暗喻、类推等方式，形成了"产品语意学"（product semantics）这一全新概念。由于产品作为语言符号主要体现在形态上，因此可将其称之为"产品形态语意学"。

根据上述定义，"产品形态语意学"的意义在于：借助产品的形态语意，让使用者理解这件产品是什么，它如何工作及如何使用等。简言之，将这一理论加以应用，使一件复杂的产品成为一件"自明之物"，其使用界面的视觉形式及其外在形态以语意的方式加以形象化。

2. 产品形态语意学的形成

产品形态语意学是20世纪80年代工业设计界兴起的一种全新概念，且是具有重大变革意义的设计思潮。其严谨的理论构架，始于1950年德国乌尔姆造型大学的设计记号论，更远可追溯至芝加哥新包豪斯学校Charles与Morries的符号论，但真正开始引起人们关注的是在1984年美国工业设计协会（IDSA）举办的"产品形态语意学研讨会"，这一理论被明确提出并予定义："产品形态语意学乃是研究人造物的形态在使用情境中的象征特性，并将此应用于设计中。"产品形态语意学打破了传统设计理论将人的因素都归入人类工程学的简单作法，突破了传统人类工程学仅对人的物理及生理机能的考虑，而将设计因素深入至人的心理、精神因素。

3. 产品形态语意学的研究目标

在高科技产品迅猛发展的今天，研究产品形态语意学的目标在于：通过这一理论，昭示其将探求产品形态，以便为使用者澄清及阐释高科技产品的内涵意义，并力图寻求一种对人类文化的理解。在日益注重理性精神感观的当代社会研究此理论，其目的在于以理论指导实践，用产品语意的方法进行产品造型设计，为技术环境世界增添更动人的外表，使物品的世界更具生命力及亲和力。工业产品除了具备一系列物理机能，还要能够做到：在实际操作中的指示机能明确，具有在视觉符号中的象征属性，能够构成人们生活其中的象征环境。

2.6.3　形态语意学在产品的造型设计中的应用

产品的外部形态实际上就是一系列视觉符号在进行编码，综合产品的形态、色彩、肌理等视觉要素，表达产品的实际功能，说明产品特征。产品符号具有一般符号的基本性质，通过对使用者的刺激，激发其自身以往的生活经验或行为，体会相关联的某种联想，使产品易懂。

1. 形态语意创造手法

（1）仿生态（仿动物、植物）；

（2）仿文化（玛雅文化、黑人文化、洛可可文化、古希腊文化、巴洛克文化）；

（3）仿风格流派（印象主义、野兽派、立体主义、表现主义、抽象主义、功能主义、构成主义、后现代主义）；

（4）变形（残像、裂像、变异、打碎重构、抽象变形）。

2. 形态语意修辞手法

产品的形态语意通过修辞可以提高形态的文化内涵，使其表达的更生动、准确。在产品造型设计中，人们常用以下几种形态语意修辞手法：

（1）联想（具体联想、抽象联想）；

（2）象征（生命象征、权利象征、企业象征、吉祥象征）；

（3）概括（相似、几何形概括、有机性概括、相近）；

（4）双关（谐音双关、共用双管、共用形、共用线、叠印双关）；

（5）比拟（拟人、拟物）；

（6）夸张（夸大、缩小）；

（7）比喻（明喻、暗喻、借喻）等。

20世纪90年代，作为全球最大的电器制造公司之一，飞利浦公司（荷兰皇家飞利浦电子公司：Royal Dutch Philips Electronics Ltd）逐渐意识到：随着科学技术的发展、高技术的急骤汇集，顾客可通过任何一个销售商，获得产品性能及价格基本一致的商品。鉴于此，顾客的主观因素，或称为审美鉴赏将主要决定购买商品的决心。为摆脱电器产品普遍的黑匣子面貌，同时亦为适用多元化消费口味，飞利浦公司广泛应用产品语意的观念设计产品。

飞利浦公司对电器产品进行持久形态研究，通过它们外在视觉形象的设计，为顾客传达出多重意味，挖掘种种潜在新生活方式的可能性。同时，对于更为本质的产品操作易用、易理解性方面，飞利浦公司也很重视。高技术产品的功能日趋复杂，其操作界面常让人眼花缭乱。多数产品界面都使人难以一下子明白，一旦机器出现故障，打开机盖，裸露出的复杂构件，在没有丝毫视觉上的暗示下，往往无从下手，而操作手册更是充斥着大量技术名词，操作因而变成一项复杂而困惑的事情。针对于此，飞利浦公司努力通过外在视觉设计使内部机构功能更明确，使其人机界面单纯、易理解。而这也正是产品形态语意学研究的另一核心主题。例如，飞利浦公司推出的AX5201 CD播放器（图2-18）在视觉符号、功能可触感上有独到的处理，形态微微内收与外扩形成的流线具有视觉上的现代感受。快进、快倒、插放、暂停四键都集中在一个车辐式控键上，形态语言符号非常新巧别致地暴露出操作形式和指向。使用者直接可以解读破译。

图2-18　PHILIPS AX5201 CD播放器

　　产品形态语意学的研究是在国际设计环境和设计思想转换中提出的，是设计发展的必然产物，结合国内工业设计现状，导入产品形态语意的理念，并希望以此理论指导产品设计及教学研究，使产品成为人与象征环境的连接者。产品形态语意学也将为产品传达出新的意念，并挖掘种种潜在新生活方式的可能性，而这正是产品设计的最高目的。该理论必将对今后中国工业产品设计方向的探索起到有力的推动作用，特别是为设计文化的研究提出新的可能性。并可借此探讨工业设计领域国际化与民族化的关系，作为有深厚文化传统的中国，进行产品形态语意学的研究将会展示出良好的前景。

2.7　CAD与CAM相关理论

2.7.1　CAD与CAM的概念

1. CAD

　　CAD是计算机辅助设计（Computer Aided Design）的简称，是指工程技术人员以计算机为工具，用各自的专业知识，对产品进行总体设计、绘图、分析和编写急速文档等设计活动的总称。

　　CAD（Computer Aided Design）诞生于20世纪60年代，是美国麻省理工大学提出了交互式图形学的研究计划，由于当时硬件设施昂贵，只有美国通用汽车公司和美国波音航空公司使用自行开发的交互式绘图系统。20世纪70年代，小型计算机费用下降，美国工业界才开始广泛使用交互式绘图系统。到20世纪80年代，由于PC的应用，CAD得以迅速发展，出现了专门从事CAD系统开发的公司。当时Versa CAD是专业的CAD制作公司，所开发的CAD软件功能强大，但由于其价格昂贵，故不能普遍应用。而当时的Autodesk公司是一个仅有员工数人的小公司，其开发的CAD系统虽然功能有限，但因其可免费拷贝，故在社会得以广泛应用。同时，由于该系统的开放性，该CAD软件升级迅速。CAD最早的应用是在汽车制造、航空航天以及电子工业的大公司中，如图2-19所示。随着计算机变得更便宜，应用范围也逐渐变广。

　　CAD技术的实现经过了许多演变。这个领域刚开始时主要被用于产生和手绘的图纸相仿的图纸。计算机技术的发展使得计算机在设计活动中得到更有技巧的应用。如今，CAD已经不仅仅用于绘图和显示，还开始进入设计者专业知识中更"智能"的部分。

　　随着计算机科技的日益发展，计算机性能的提升和价格的更加便宜，许多公司已采用立体的绘图设计。以往，碍于计算机性能的限制，绘图软件只能停留在平面设计，欠缺真实感，而立体绘图则冲破了这一限制，令设计蓝图更实体化。图2-20所示为Wacom（和冠）新帝24HD数位屏，此产品可以更好地实现设计师的愿望。

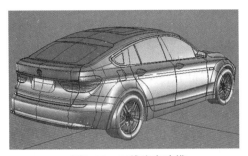

图2-19　三维汽车建模

图2-20　Wacom（和冠）新帝24HD数位屏

2．CAM

CAM是计算机辅助制造（Computer Aided Manufacturing，CAM）的简称，是指应用计算机来进行产品制造的总称。通过利用计算机与生产设备直接或间接的联系，进行规划、设计、管理和控制产品生产的过程。

计算机辅助制造有狭义和广义两个概念。CAM的狭义概念是指从产品设计到加工制造之间的一切生产准备活动，包括CAPP、NC编程、工时定额的计算、生产计划的制订、资源需求计划的制订等。这是最初CAM系统的狭义概念。CAM的狭义概念甚至更进一步缩小为NC编程的同义词。CAPP已被作为一个专门的子系统，而工时定额的计算、生产计划的制订、资源需求计划的制订则划分给MRPⅡ/ERP系统来完成。CAM的广义概念包括的内容则更多，除了上述CAM狭义定义所包含的所有内容外，还包括制造活动中与物流有关的所有过程（加工、装配、检验、存贮、输送）的监视、控制和管理。

CAM的核心是计算机数值控制(简称数控)，是将计算机应用于制造生产过程的系统。1952年美国麻省理工学院首先研制成数控铣床。数控的特征是由编码在穿孔纸带上的程序指令来控制机床。此后发展了一系列的数控机床，包括称为"加工中心"的多功能机床，如图2-21所

示。能从刀库中自动换刀和自动转换工作位置，能连续完成锐、钻、铰、攻丝等多道计算机辅助制造发展工序，这些都是通过程序指令控制运作的，只要改变程序指令就可改变加工过程，数控的这种加工灵活性称之为"柔性"。加工程序的编制不但需要相当多的人工，而且容易出错，最早的CAM便是计算机辅助加工零件编程工作。美国麻省理工学院于1950年研究开发数控机床的加工零件编程语言APT，它是类似FORTRAN的高级语言。APT增强了几何定义、刀具运动等语句，这种批处理的计算机辅助编程使编写程序变得简单。

图2-21　数控加工中心

CAM系统是通过计算机分级结构控制和管理制造过程中的多方面工作，它的目标是开发一个集成的信息网络来监测一个广阔的相互关联的制造作业范围，并根据一个总体的管理策略控制每项作业。一个大规模的计算机辅助制造系统是一个计算机分级结构的网络，它由两级或三级计算机组成，中央计算机控制全局，提供经过处理的信息，主计算机管理某一方面的工作，并对下属的计算机工作站或微型计算机发布指令和进行监控，计算机工作站或微型计算机承担单一的工艺控制过程或管理工作。

CAM系统一般具有数据转换和过程自动化两方面的功能。CAM系统的组成可以分为硬件和软件两部分：硬件方面有数控机床、加工中心、输送装置、装卸装置、存储装置、检测装置和计算机等，软件方面有数据库、计算机辅助工艺过程设计、计算机辅助数控程序编制、计算机辅助工装设计、计算机辅助作业计划编制与调度和计算机辅助质量控制等。

2.7.2　CAD与CAM在工业设计中的应用

现代工业产品从设计到成型再到大批量生产，是一个十分复杂的过程，它需要产品设计师、加工工艺师、熟练的操作工人以及生产线的管理人员等协同努力来完成，它是一个设计、修改、再设计的反复迭代、不断优化的过程。传统的手工设计、制造已越来越难以满足市场激烈竞争的需要，CAD/CAM技术的运用，正从各方面取代传统的手工设计方式，并取得了显著的经济效益。

CAD/CAM技术具有效益高、知识密集、更新速度快及综合性能强等特点，已成为整个制造行业当前和将来技术发展的重点。CAD/CAM技术的应用和发展趋势必将对现代工业产生深远的影响。CAD/CAM技术不是传统设计、制造流通和方法的简单映像，也不是局限在个别步骤或环节中部分的使用。计算机作为工具，是将计算机科学与工程领域的专业技术以及人的智慧和经验以现代的科学方法为指导结合起来，在设计、制造的全过程中各尽所长，尽可能的利用计算机系统来完成那些重复性高、劳动量大、计算复杂及单纯靠人工难以完成的工作，辅助而非代替工程技术人员完成整个过程，以获得最佳效果。

工业设计中CAD/CAM技术的应用，主要分为CAD建模技术在产品数据模型中的应用和CAM集成数控编程系统在产品模型加工中的应用。

1. CAD建模技术在产品数据模型中的应用

CAD是工程技术人员在人和计算机组成的系统中以计算机为工具，辅助人类完成产品的设计、分析、绘图等工作，并达到提高产品设计质量、缩短产品开发周期、降低产品成本的目的。CAD建模技术就是"研究产品数据模型在计算机内部的建立方法、过程及采用的数据结构和算法。"

CAD软件主要有：AUTO CAD、UG、PRO/E、SolidWorks、Rhino、Maya、3ds Max、Softimage/XSI、Lightwave 3D、Cinema 4D等。

对于现实世界中的物体，从人们的想像出发，到完成其计算机内部表示的这一过程称之为建模。计算机的内部表示及产品建模技术是CAD/CAM系统的核心技术。产品建模首先是得到一种想像模型，表示用户所理解的客观事物及事物之间的关系，然后将这种想像模型以一定的格式转换成符号或算法表示的形式，即形成产品信息模型，它表示了信息类型和信息间的逻辑关系，最后形成计算机内部存储模型，这是一种数据模型，即产品数据模型。因此，产品建模过程实质就是一个描述、处理、存储、表达现实世界中的产品，并将工程信息数字化的过程。目前在产品数据模型的建模方法中，最常用的是三维几何建模和特征建模，如图2-22所示。

产品数据模型最常用的是三维几何建模系统中的曲面建模（Surface Modelling）和实体建模（Solid Modelling）技术。曲面建模主要采用Bezier

图2-22　计算机辅助设计三维建模尺寸参考图

曲线、B样条曲线、NURBS曲线等生成曲面，如图2-23所示。实体建模技术是20世纪70年代后期、80年代初期逐渐发展完善并推向市场的，目前已成为CAD/CAM技术发展的主流。实体建模是利用一些基本体素，如长方体、圆柱体、球体、锥体、圆环体以及扫描体等通过集合运算生成复杂形体的一种建模技术。主要包括体素的定义及描述和体素之间的布尔运算（并、交、差）等两部分内容。

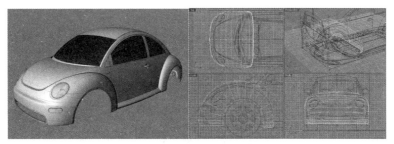

图2-23　计算机辅助设计曲面建模过程图

特征建模技术是CAD/CAM系统发展的新里程碑，除了包含零件的基本几何信息外，还包含了设计制造等过程所需要的一些非几何信息，如材料信息、尺寸、形状公差信息、热处理及表面粗糙度信息和刀具信息等。因此，特征建模技术是更高层次上对几何形体上的凹腔、孔、槽等的集成描述。目前国内外的大多数特征建模系统都是建立在原有三维实体建模系统的基础上，将几何信息与非几何信息描述集中在一个统一的模型中，设计时将特征库中预定义的特征实例化，并作为建模的基本单元实现产品建模。

运用CAD/CAM建模技术生成的产品数据模型在外观效果、内部机构和机电操作性能上都力求与成品一致。除精确体现产品外观特征和内部结构外，有些还必须具有实际操作使用的功能，以检验产品结构、技术性能、工艺条件和人机关系等。图2-24所示为XPad设计。

图2-24　XPad设计（王龙　指导老师：王俊涛）

2. CAM集成数控编程系统在产品模型加工中的应用

CAM一般有广义和狭义两种定义。"广义CAM一般是指利用计算机辅助完成从生产准备到产品制造整个过程的活动，包括工艺过程设计、工装设计、NC自动编程、生产作业计划、生产控制及质量控制等。狭义CAM通常是指NC程序编制，包括刀具路径规划、刀位文件生成、刀具轨迹仿真及NC代码生成等。在产品模型制作中所用到的CAM技术，主要是指狭义的CAM技术。"

CAM软件主要有：UG NX、Pro/NC、CATIA、cimatron、MasterCAM、SurfCAM、SPACE-E、CAMWORKS、WorkNC、TEBIS、HyperMILL、Powermill、Gibbs CAM、FEATURECAM、topsolid、solidcam、cimtron、vx、esprit、gibbscam、Edgecam、Artcam等。

CAM集成技术中的重要内容之一就是数控自动编程系统与CAD集成，其基本任务就是要实现CAD和数控编程之间信息的顺畅传递、交换和共享。"数控编程与CAD的集成，可以直接从产品的数字定义提取零件的设计信息，包括零件的几何信息和拓扑信息。最后，CAM系统帮助产品制造工程师完成被加工零件的形面定义、刀具的选择、加工参数的设定、刀具轨迹的计算、数控加工程序的自动生成、加工模拟等数控编程的整个过程。"一个典型的CAM集成数控编程系统，其数控加工编程模块，一般应具备编程功能、刀具轨迹计算方法、刀具轨迹编辑功能、刀具轨迹验证功能。加工的产品模型力求与成品一致，因而在选用材料、结构方式、工艺方法等方面都应以批量生产要求为依据。数控加工的产品模型外观精美，精度高，表面质量好，适合各种复杂零件的制作装配以及验证结构，并且材料选择范围广泛，产品模型制作中常用的ABS、尼龙、透明亚克力等材料均可加工。

随着我国近年来工业设计日益兴起，产品模型制作已经成为一个专业性的行业。产品模型制作的主要内容就是应用CAD/CAM技术制作出产品外观结构件的首版样品。研究CAD/CAM技术在产品模型制作中的应用对工业产品的设计研发具有重要意义。使用CAD/CAM技术制作的产品模型不仅是可视的，而且是可触摸的，它可以直观的以实物的形式把设计师的创意反映出来，避免"画出来好看而做出来不好看"的弊端，并首先可以用来检验产品的外观设计。使用CAD/CAM技术制作产品模型还可以检验产品的结构设计，因为产品模型是可装配的，所以可以直观地反映出产品结构合理与否，安装的难易程度，以便及早发现问题，并且制作产品模型可以避免直接开发模具的风险性。由于模具制造费用高，比较大的模具价值可达数十万乃至几百万，如果在开发模具的过程中发现结构不合理或其他问题，损失可想而知。而模型制作则能避免这种损失，减少开模风险。此外，运用CAD/CAM技术制作的产品模型可以使产品面市时间提前。企业可以在模具开发出来之前，利用模型样机展示来进行产品的宣传，甚至前期的销售。

2.7.3　CAD与CAM的发展

随着现代工业的不断发展，CAD/CAM技术的应用范围越来越广，从最初的机械制造已经发展到现在的建筑、电子、化工等领域。应用CAD/CAM技术可提高企业的设计效率、优化设计方案、减轻技术人员的劳动强度、缩短设计周期和加强设计的标准化。CAD/CAM技术给企业带来了全面的、根本的变革，使传统的企业设计与制造发生了质的飞跃，从而受到了普遍重视和广泛应用。CAD/CAM技术正向着集成化、网络化、智能化、绿色化发展。图2-25所示为数字化加工系统。

图2-25　数字化加工系统

1. 集成化

集成化是CAD/CAM技术的一个最为显著的趋势。在信息技术、自动化技术与制造融合的基础上，通过计算机技术把分散在产品设计与制造过程中各种孤立的自动化子系统有机的集成起来，形成适用于多品种大批量的生产。

2. 网络化

网络化是CAD/CAM技术伴随着网络技术的普及而需要面临的新技术，随着网络全球化，制造业也将全球化。分布在不同地理位置上的CAD、CAM系统间能传递各种数据。网络技术的发展使基于计算机技术的数控机床可与其他机床或计算机方便地进行交流，从而使数据交换变得简单，并可调用网上各种设计资源。CAD/CAM系统应用逐步深入，逐渐提出智能化需求，设计是一个含有高度智能的人类创造性活动。

3. 智能化

智能CAD/CAM是发展的必然方向。智能设计在运用知识化、信息化的基础上，建立基于知识的设计仓库，及时准确地向设计师提供产品开发所需的知识和帮助，智能地支持设计人员，同时捕获和理解设计人员意图，自动检测失误，回答问题、提出建议方案等，并具有推理功能，使设计新手也能做出好的设计来。现代设计的核心是创新设计，人们正试图把创新技法和人工智能技术相结合，并应用到CAD技术中，用智能设计、智能制造系统去创造性解决新产品、新工程和新系统的设计制造，使产品、工程和系统有创造性。

4. 绿色化

绿色化现已成为CAD/CAM技术的新趋势。当前，全球环境的恶化程度与日俱增，制造业既是创造人类财富的支柱产业，又是环境污染的主要源头。因此，无论从技术发展，还是从需求推动的角度，绿色制造都已在影响和引导当今的技术发展方向。从产品设计到制造技术，从企业组织管理到营销策略的制定，一批绿色制造技术的概念已经在发展之中。

2.8 产品系统设计理论

2.8.1 产品系统的定义

系统是由具有有机关系的若干事物为实现特定功能目标而构成的集合体。构成系统的事物，称为系统元素；元素间相对稳定有序的联系方式称为系统结构；元素间通过有机结构产生的综合效果称为系统功能。作为一定功能的物质载体，产品本身就具备多种要素和合理结构，要素和结构之间的相互关系构成具备相对独立功能的闭环系统——产品内部系统。同时，产品必须在特定的社会文化环境中被消费者使用才能实现其功能，即产品又是一个与外部环境相关联的开环系统——产品外部系统。产品的内部系统和外部系统的统一，源于产品的生命周期，从产品的生命周期出发，以人类社会可持续发展为目标的产品设计思维方式——产品系统设计思维方式，该方式在现代产品设计中具有重要的现实意义。

1. 产品生命周期

产品生命周期是指"从产品的形成到产品的消亡，再到产品的再生"的整个过程。产品生命周期是一个开放的动态过程系统，一般包括原材料的获取、产品的规划与生产制造、产品的销售分配、产品的使用及维护、废旧产品的回收、重新利用及处理等，如图2-26所示。产品正是在过程系统中，与人和环境发生了有意义的联系。比如通过营销者在市场环境下将产品转化为商品，使用者利用产品创造合理的生活方式，而回收者通过对废旧产品的拆解和回收，将产品转化成可利用的再生资源，制造者又将资源形成新产品。产品系统的功能正是在这种人—产品—环境相互作用和协调的过程中得到实现。

2. 产品内部系统

在产品生命周期中，从原材料的提取到产品制造是产品的形成过程，从而形成产品内部系统。产品内部系统由产品的要素和结构构成，具有相对独立的功能。要素是构成产品内部系统的单元体，结构是若干要素相互联系、相互作用的方式和秩序，产品要素通过有机结构联系的目的性就是产品功能，产品功能的实现则是产品内部系统与外部环境相互联系和作用的过程，其作用的秩序及能力规定了产品系统的功能意义，体现着产品系统的深层关系。产品正是通过内部系统与外部环境的联系和作用，将产品的表层结构（产品的要素和结构）转化为深层结构，实现产品的功能。如图2-27所示，造型简洁的产品，依靠强大的内部系统。

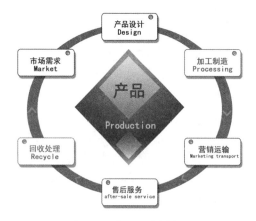

图2-26　产品生命周期图

图2-27　Microsoft Zune2 数字播放器（2009）

3. 产品外部系统

在产品生命周期中，从产品流通到废弃物处理、能源再生和再利用是产品功能实现的过程，形成产品外部系统。影响产品外部系统的因素是多方面的，诸如市场销售环境、消费者的状况（包括年龄、性别、消费理念、文化品位、风俗习惯等）以及国家的政策法规等，这些都可能对产品功能的实现产生影响。同时，由于产品实现其功能的过程往往是产品与不同生活方式的人之间交互作用的动态过程，不同的消费者在不同环境中对同一产品的理解和使用方式也不尽相同，因此使得产品的功能意义复杂化和多样化。

2.8.2　产品系统设计的思维方式

产品系统设计的思维方式主要体现在从产品内部系统的要素和结构之间的关系、产品与外部环境之间的相互联系、相互作用、相互制约的关系中综合地考查对象，从整体目标出发，通过系统分析、系统综合和系统优化，系统地分析问题和解决问题。

1. 系统整体性——产品定位

产品系统的整体性是产品系统设计的基本出发点，即把产品整体作为研究对象。设计的目的是人而不是物，产品作为实现生活方式的手段，必须在一定的时空环境、文化氛围和特定人群组成的生活方式中通过系统的过程，在各种相互联系的要素的整体作用下，才能实现产品系统的功能意义。因此，在设计之前明确产品设计的系统过程和整体目标，即设计定位，是十分必要的，产品系统的设计将围绕产品的设计定位展开。

2. 系统分析、系统综合和系统优化——产品形成

系统分析和系统综合是相对的，对现有产品可在系统分析后进行改良设计，对尚未存在的

产品，可以收集其他相关资料通过分析后进行创造性设计。一个产品的设计涉及到使用方式、经济性、审美价值等多方面内容，用系统分析、系统综合和系统优化的方法进行产品设计，就是把诸因素的层次关系及相互联系等了解清楚，按预定的产品设计定位，综合整理出设计问题的最佳解决方案。

　　基于设计定位限定的方案所要考虑的因素十分复杂，以木椅为例，通常有造型、构造、连接等结构关系和材料、色彩、人体工程学、价格等要素特征，这种将功能转化为结构、要素的过程就是系统分析。结构和要素的变化都可以使方案呈现出多样化的特征，在多种方案中，需要在错综复杂的要素中寻找一种最佳的有序结构——特定的方式来支配各要素，用最符合设计定位的方案形成新产品，这个过程就是系统综合和系统优化。

2.9　设计评价理论

2.9.1　设计与设计评价

1. 设计的含义

　　从20世纪初期开始，"设计"(design)一词便越来越多地为人们所使用，其内涵和外延也不断地丰富与扩大。广义的理解设计，可以把任何造物活动的计划技术和计划过程理解为设计。狭隘的理解设计，通常指的是把一种计划、规划、设想、问题解决的方法，通过一定的方式(如视觉)传达出来的活动过程。由于影响计划和构思的因素不同，因而有传统设计和现代设计的分别。这里所探讨的设计是基于现代社会、现代生活的计划内容，即为现代人、现代经济、现代市场和现代社会提供服务的一种积极的活动——现代设计。

2. 设计的目的

　　设计不只是生产一件产品，它关系着设计者从事设计的态度及整个社会。设计的基本目的是要从人的心理、文化等角度发现人的特性和需要，给消费者、使用者提供有利的知觉条件、认知条件和使用条件，符合他们的审美观念。设计可以认为是为了达到这一基本目的，寻求解决问题的途径和方法。完成与实现一个好的设计，应该具备明确的目标，有效的解决问题，担负起应尽的社会责任。设计的最大目的在于改善人类的生活，具体可以分为：

　　（1）提升人类的能力。设计能够帮助人类发展许多能力如思考能力、认知能力，透过设计可以将信息以人类最容易接受的形式表现出来，使人们不需要经过繁复的分析即可获得所需要的信息，从而达到提升人类能力的目的。

　　（2）拓展人类的极限。人的生理机能是有极限的，单凭人的生理机能来工作，有许多任务是无法完成的，通过设计，制造不同的工具或机械便可以克服人类的生理极限。

　　（3）满足使用者的需求。除了物质需求外，人类还有精神即心理需求，通过设计可以创造出满足使用者精神需求的事物。如图2-28所示的苹果ipad2，在其光洁的屏幕上点击，就会有震动的触感回馈。

图2-28　苹果ipad2

一个设计之所以称为"设计"，正因为它能够解决问题。20世纪80年代以来，设计被视为解决功能、创造市场、影响社会、改变行为的最有效手段，人们运用设计解决问题的范围越来越广泛和复杂，一般来讲设计师从事设计工作必须考虑的范畴有：功能、美学、生态、经济、策略和社会。在这些范畴中，设计扮演一个转化的媒介角色，比如在功能要素中，问题可以通过设计而得到解答，科学可以通过设计而获得创新等等。同样，在美学、生态、经济、策略、社会上也都可以通过设计而得到结果。

3. 设计的评价

设计作为一种文化现象，是一项综合性的规划活动，同时受环境、社会形态、文化观念以及经济等多方面的制约和影响。设计的效果如何须放在社会生活中加以检验，怎样评判设计水平的高低优劣，是每一个设计者都绕不开的问题。所谓设计评价是指在设计过程中，对解决问题的方案进行比较、评定，由此确定每个方案的价值，判断其优劣，以便筛选出最佳的设计方案。

由于设计涉及到诸多方面的因素，不同的人可以从不同的立场、观点对其进行评价，因此对设计的评价，一直是极具争议性的。设计评价既是一种客观的活动，也是一种主观的活动。说它是一种主观活动是因为设计评价中有许多主观的成分难以量化，每个历史时期的设计标准不同评价的尺度就会不同，同样民族、地域、时代的因素发生变化评价的标准也会不同。设计评价的客观性主要表现为可以在技术、功能、材质、经济、安全、创造性等方面制订一定的标准，依据一定的原则对具体的设计进行评价。当然这个标准由于国家和时代的不同而存在着差异。

2.9.2 工业设计中的设计评价

工业设计中所遇到和需要解决的都是复杂、多解的问题，通常解决多解问题的逻辑步骤是：分析—综合—评价—决策，即在分析设计对象的特点、要求及各种制约条件的前提下，综合搜索多种设计方案。最后通过设计评价过程，作出决策，筛选出符合设计目标要求的最佳设计方案。在工业产品设计中，对某个问题的解决存在着多种途径和方案。而往往凭直觉经验是难以判断其优劣的。因此，掌握设计评价方法十分必要，在产品设计中设计师根据不同对象的需要，灵活地运用设计评价方法是工业设计师必须具备的基本素质。

1. 产品设计评价的原则

（1）创新性。任何产品都必须有自身独特的设计特征，这样设计出来的产品才有新颖性和竞争性，才容易被市场所接受，才能体现产品自身的价值。

（2）科学性。科学性是产品的物质基础。合理的产品结构，完善的产品功能，优良的产品造型，先进的制造技术都是基于在设计中对科学技术的应用。

（3）社会性。设计任何产品必须考虑产品的社会性。它包括：产品的功能条件是否符合国家及行业政策、标准、法规、民族文化、传统风俗、民族审美标准等。

（4）适用性。任何产品的设计都是为人服务的。因此，设计师设计的产品要适合人的使用性和便利性，要适应人的视觉习惯，要适应自然与人的协调性，要适应环境与人的协调关系。

2. 设计评价的项目内容

（1）技术方面。技术方面是指在产品设计中技术上的可行性。技术性能指标包括：可靠性、安全性、适用性、有效性、合理性等。产品设计是为了人们的使用去创造新产品或改良产品的一种过程，主要考虑的是功能、可信赖、有用性、外观及成本。消费者、使用者对设计的主

要要求是能满足其需求。消费者常常通过询问以
下的问题来评估产品: 如何使用此产品? 产品的
功能是否容易了解?是否会因拥有此产品而骄傲?
此产品如何提升生活? 此产品如何减少生活负担
或帮助做好工作? 等等。对于一个使用者而言,
满足其生理、心理的需求是购买使用产品的先决
条件。因此产品设计, 最基本的是必需满足人类

图2-29　宝马BMW GINA[克里斯•班戈 (2009)]

的基本需求, 其中最重要的就是功能的实现, 良好的功能是好的设计标准之一。图2-29所示为宝
马BMW GINA, 其身采用织物材料包裹, 颠覆了以往产品的形象。

（2）审美方面。产品设计除了要具有基本的功能外, 还必须安全、有效率, 并让消费者有
满足感。满足感的实现更多地和设计的美感及其象征性相关。在产品设计中的审美方面包括造
型风格、形态、色彩、时代性、创造性、功能操作的示意性等。

（3）经济方面。在产品设计中包括成本、利润、投资情况、竞争潜力、市场前景、产品的
附加价值等。经营者主要的目标在于透过设计提供满足消费者需求的产品从而获得利润。因此
经营者对于设计的要求与消费者有所不同, 从经营者的角度来看, 设计的准则可以从营销及生产
方面来探讨。

从营销的观点来看, 创造利润是最主要的目的。因此能
吸引人, 能激发购买欲望, 有助于销售的就是"好"的设
计, 例如, 漂亮的女鞋会让消费者爱不释手, 如图2-30所
示。因此就营销的观点而言, 设计最重要的就是满足消费
者的需求, 而不管其需求是正当或不正当。从生产的观点来
看, 经营者所关心的是如何在制造的过程中降低成本, 以增
加利润, 因此设计必需考虑原料或零部件、生产程序、质量
管理、技术发展研究等因素以达到经营者的需求。

（4）社会方面。在产品设计中主要有社会效益、环境因
素、资源利用、生活方式的改善等。

图2-30　扎哈•哈迪德（Zaha Hadid）
设计的女鞋

首先, 社会责任对设计的要求。设计的成果对于社会会有某种程度的影响, 因此设计者必
需牢记自身对社会所应担负的改善人类生活的责任与文化传承的责任。一个好的设计能真正改
善人类的生活, 而非破坏人类的生活, 造成人类的负担。设计者必需考虑其设计对人类生活所
造成的影响, 对于破坏人类生活的设计, 设计者有权拒绝, 这是设计的道德与良知。

其次, 环保对设计的要求。除了上述因素外, 环保问题也是近来倍受瞩目的一个论题。自从
工业革命以来, 人类不断地开发自然资源, 大量制造产品以改善人类的生活, 甚至为了一些短
期利益而不顾忌对自然的危害有多大。今天, 人类开始感受到自然因人类的过度开发造成的种
种污染及生态的破坏, 同时也感受到自然资源缺乏的压力。为了让人类能够继续在地球生存,
并且有一个良好的生存环境, 人们开始注意对自然生态的保护及对自然资源的合理开发。在这
种环保意识的觉醒下, 工业界也开始采取一些策略以应对环境保护问题, 在设计上掀起了一股
"环保设计"热潮。谈论环保设计最重要的在于资源的回收利用及如何减少产品生产、使用及
废弃后所造成的污染, 这些问题均是设计中应当考虑的要素。

第 3 章 | 产品设计的方法

3.1 仿生设计法

3.1.1 仿生设计的含义

仿生，简言之就是以生物为原形从而得到启示来进行创造性的活动。仿生意识对人类的发展一直具有强大的吸引力，在我国远古时代人们磨石为刀就已经证明了仿生思想的萌芽发展，这种实例举不胜举。仿生设计绝对不是对自然生物的简单模仿；相反，它是在深刻理解自然生物的基础上，在美学原理和造型原则作用下的一种具有高度创造性的思维活动。仿生设计是工业设计创新的重要手段，仿生设计本身就是设计的方法之一。

仿生设计从某种意义上是仿生学的一种延伸和发展，体现了"天人合一"的中国传统生存价值思想。科学家的一些仿生学的研究成果，通过工业设计师的再创造进入人类生活，不断满足人们的物质和精神上的追求，体现了自然与人类、设计与科学、设计与技术多元的设计融合与创新。科学家和设计师总是从自然界获得灵感和智慧。列奥纳多·达·芬奇（Leonardo da Vinci，1452—1519）曾经提到"人类的灵性将会创设出多样的发明来，但是它并不能使得这些发明更美妙、更简洁、更明朗，因为自然的物产都是恰到好处的"。设计大师卢吉·科拉尼（Luigi Colani）曾说："设计的基础应来自诞生于大自然的生命所呈现的真理之中。"仿生设计学就是努力探究自然生物背后的特征原理，然后对其加以具体的设计与应用。

人们从卢吉·科拉尼设计大师的作品中能看到许多仿生设计典范，都强调设计作品与自然生态之间的协调与共生，如图3-1所示的概念罐车。在源于自然形式的设计理念和哲学思想的指导下，仿生设计以其鲜明的原理与方法、强烈的造型意念和极具旺盛生命力的设计，给用户留下了深刻的印象。卢吉·科拉尼的设计以及呼吁人类社会与大自然和谐统一的设计观念，都具有极其深刻的划时代意义，成功地影响了后代设计师，对仿生设计学的原理有了更进一步的认识并得到发展。

设计师用花朵的造型设计了图3-2所示的椅子，其形状是盛开的花，营造出一种最美妙温馨的室内氛围，让人们感觉更加有活力和乐观。图3-3所示的衣架也是仿生设计的产品代表。

图3-1 卢吉·科拉尼设计的概念罐车

图3-2 花朵椅子（Kenneth CobonPue设计）

图3-3 衣架（Albert Brogliato设计）

3.1.2 仿生设计的分类

仿生设计是在设计方法学研究基础上结合仿生学原理而形成的一种设计方法，是仿生学在设计方法学方面的延续，是选择性地应用自然界万事万物的"形""色""音""功能""结构"等特征原理进行设计的方法，同时结合仿生学的研究成果，为设计提供新课题、新原理和解决问题新途径。设计是人类得以生存和发展的最基本的活动，因此，从某种意义上说，仿生设计法是仿生学研究成果在人类生存方式中的反映。

1. 功能仿生

功能仿生设计主要研究自然生物客观存在的功能原理与特征，从中得到启示，并用这些原理去改进现有的产品或促进新的产品设计。在工业设计中注重功能仿生设计的应用，能从极普通而平常的生物结构功能上，领悟出深刻的功能原理。只要多观察周围事物，经常留心，就有可能获得设计灵感，从生物的结构、功能上获得直接或间接原理，开发出具有新功能的产品。发明史上有许多应用仿生学的例子。据说瑞士的一位守猎人每次守猎归来都会发现沾在自己裤子和爱犬身上的一种带刺的东西，他回家用放大镜观察，原来是苍耳籽，上面全是倒钩的小刺，其倒刺像钩子一样，用力才可以拉下来，再粘上便又钩住了。于是这位猎人心想是否可以利用这种功能特性来开发一种新产品呢？经过反复研究，利用现有的材料和技术系统，终于成功研究出了一种可以自由分离粘结的风靡世界的尼龙"魔带"，创造了另一种新的连接方式，一系列方便使用的新产品也相继问世，并同拉链攀上了"姐妹关系"，已被广泛应用在服装、鞋类、玩具和其他产品上，如图3-4所示。

这些新发明的产品，往往在事先没有预料到的领域里得到广泛运用，而且在不断地触类旁通，充实了自身价值。又如可以自由推出折断刀片的美工刀开发设计，设计者就是从玻璃碎片和碎瓷片的缺口上得到启示而开发的，如图3-5所示。

图3-4　某帆布鞋的魔术贴鞋带　　　　　　　　图3-5　可以自由推出折断刀片的美工刀

然而，人类常常在更多的鸟类、昆虫、鱼类等动物身上，将某些功能特性转移或运用到创造发明之中，试图在某些方面模仿动物的功能。例如，科学家根据苍蝇嗅觉器的结构和功能，仿制成功一种十分奇特的小型气体分析仪。这种仪器已经被安装在宇宙飞船的座舱里，用来检测舱内气体的成分。又如受蝴蝶身上的鳞片会随阳光的照射方向自动变换角度而调节体温这一功能的启发，将人造卫星的控温系统制成了叶片正反两面辐射、散热能力相差很大的百叶窗样式，在每扇窗的转动位置安装有对温度敏感的金属丝，随温度变化可调节窗的开合，从而保持了人造卫星内部温度的恒定，解决了航天事业中的一大难题。

图3-6所示的这款鞋子外表看来酷似鸭子的脚蹼，各个部分结构紧凑，橡胶鞋底还有波纹图案。鞋子的上半部分采用氯丁橡胶，抓地力强的同时保持灵活。由于参考了鸭掌的外观，流水可以顺畅地通过鞋子表面，而且还不会弄湿鞋子，在防水的同时，还保证了良好的通气性。

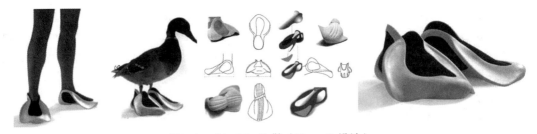

图3-6　"duckfins"鞋（Pixstudio设计）

2. 形态仿生

形态仿生设计是在对包括动物、植物、微生物、人类等所具有典型外部形态的认知基础上，寻求对产品形态的突破与创新，强调对生物外部形态美感特征与人类审美需求的表现。自然生物形态仿生可分具象形态的仿生设计和抽象形态的仿生设计。

（1）具象形态的仿生设计。具象形态的仿生设计是指产品的造型与被模仿生物的形态比较相像，比较逼真地再现事物的形态。由于具象形具有很好的情趣性、可爱性、有机性、亲和性和自然性，人们普遍乐于接受，在玩具、工艺品、日用品中应用比较多。

图3-7所示为乔纳坦·德·帕斯、多纳托·德·乌毕诺、保罗·洛马其3位设计师创作的五指型座椅，尽管这件灵巧的家具设计的外形并不能很好地体现椅子的功用，但它依然充分展现了那个时代的设计精髓，如同大手一样的五指造型其实是一把可以供人休息的舒服的座椅。因为出色和独特的造型，五指型座椅也成了一件风靡那个时代的家具产品。

设计师根据茶壶的结构特征，并结合天鹅的特点，设计出了图3-8所示这款优雅的天鹅茶壶。天鹅的脖子以及头顶处被设计成了手柄，身子部分是茶壶的壶体，尾巴则成了出水口。完全符合茶壶的结构要点，而且体态优美。

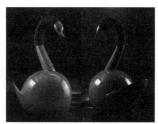

图3-7 五指形座椅（乔纳坦·德·帕斯、多纳托·德·乌毕诺、保罗·洛马其设计）　　图3-8 天鹅茶壶（Adam Hammerman设计）

（2）抽象形态的仿生设计。在产品仿生设计中，具象形有着许多表现上的优势，但却无法表达某些抽象的意念与感觉，这时就只有借助于抽象的表现形式。设计师在进行设计创造时把表达对象有特征的感觉抽象出来，然后用纯粹理性点、线、面、体来构成抽象的形态以表达一种感觉和意念。因此，形式上表现为简化性，而在传达本质特征上表现为高度的概括性。这种形式的简化性和特征的概括性，正好吻合现代工业产品对外观形态的简洁性、几何性以及产品语意性的要求，抽象形态大量地应用于现代产品设计中。

图3-9所示的松果吊灯以松果为原形，采用环保薄片制造，该灯内部没有骨架，每一片叶片都是环环相扣，薄片的连接采用了螺钉，制作上都是使用手工制作，每一个环节都精雕细琢，薄片本身具有一定透明度，不必担心使用时光线昏暗。

3. 结构仿生

自然界的生物经过了亿万年的进化与演变，令存在于世间的每一种自然生物形态都拥有自身巧妙而实用的、合理的、完整的形态和独特的结构。结构仿生设计学主要研究生物体和自然界物质存在的内部结构原理在设计中的应用问题。通过对自然生物由内而外的结构特征的认知，结合不同产品概念与设计目的进行设计创新，使人工产品具有自然生命的意义与美感特征。

图3-10所示的蜂巢由一个个排列整齐的六棱柱形小蜂房组成，每个小蜂房的底部由3个相同的菱形组成，是最节省材料的结构。在蜂巢的启发下，人们仿制出了蜂窝结构材料，具有质量小、高强度、刚度大、绝热和隔音性能良好的优点。它已应用于飞机的机翼，宇宙航天的火箭，甚至日常产品设计中。

图3-9 松果吊灯（Pavel Eekra设计）

图3-10 蜂巢

图3-11所示的Nectar灯具的灯罩采用轻质伸缩尼龙（polyester）材料黏结成蜂巢状。造型有椭圆和半圆两种样式。这一系列的灯罩和灯光都是米黄、明黄到中黄色的色调，柔和的光线透过灯罩营造出温暖、恬静、浪漫的氛围。

"蜂窝"结构被公认为是科学合理的结构，人们利用这一生物学原理设计的蜂窝结构的座椅，不仅造型新颖，而且自重减轻，并且具有足够的刚度和强度，如图3-12所示。

图3-11 Nectar灯具[Rebecca Asquith 设计（新西兰）]

图3-12 "蜂窝"双人椅

图3-13所示为一款灵感来自竹节的水龙头，水龙头的整体造型取自竹子的一节，当要使用水龙头的时候将水龙头一边扳下即可，在内部安置有净水器，可以为水补充镁、钙、钾、铁和锌等元素，另外在水龙头的顶部设计有一块水温感应器，通过LED灯光的显示来帮助用户判断水温。

图3-13 水龙头（Mickaël Chrost设计）

3.1.3 仿生设计的特点

1. 广泛性

设计灵感来源广泛，自然界的任何一种生物都可能成为被仿的对象。

蜜蜂钻进耳朵的后果简直不可想象，然而幽默的设计师却将耳机的造型设计成了蜜蜂的样子，此种设计从色彩搭配和造型上看都很时尚。小巧的外观，可爱的蜜蜂，戴上很吸引眼球，如图3-14所示。

2. 艺术性

大自然是一个神奇的造物主，它赋予了人类最强有力的信息，是人类所有艺术、创造的源泉。仿生设计的魅力在于借助艺术想象进行设计，所以艺术性成为仿生设计的一个显著特点。

图3-14 蜜蜂耳机

图3-15所示的这款像花一样唯美的躺椅，虽然看起来其设计灵感来源于花朵，但事实是来源于印度洋中一种软珊瑚，设计师保留了其优雅的造型，并采用毛绒和泡沫塑料制成，面料的透气性极佳，能在空气中散发出淡淡的香味，还能发出梦幻般的光线。

图3-15 Bellylove sofa躺椅 [Florence Jaffrain设计（法国）]

3. 趣味性

仿生形态产品不但能使人们获得轻松、幽默、愉悦的感觉，而且还能缓解因现代枯燥、无味的学习与工作带来的压力，并能在某种程度上满足人们在文化与精神方面的高级需求，如图3-16所示的Sprout嫩芽书签，其设计可给读者以清新的田园感受。

图3-16 Sprout 嫩芽书签 [doo design studio设计（韩国）]

4. 跳跃性

在设计过程中，思维需要经过多次跳跃。从自然界的生物到产品，把本来没有联系的东西联系在一起，必须经过思维中的飞跃，是思维潜能的突发和质变。

"喇叭花园"（Constant Garden）音箱的造型是一支支淡绿色柱状物昂扬向上，如同马蹄莲一般，充满生机，如图3-17所示。每一支"马蹄莲"的顶部都有着一个类似莲蓬头的构造，里面放着核心元件——喇叭。人们可以发现，每支"莲蓬头"的朝向都不一样，这样的设计能够保证形成全覆盖的声场，对声音进行完美的再现。

图3-17 "喇叭花园"(Constant Garden)音箱（Annika Ushio和Vanessa Satele设计）

5. 联想性

主观经验和客观信息通过联想、想象后联系起来，能引起其他人更广泛的联想，增加了其趣味性，如图3-18所示的Visenta I5鲸鱼仿生光电鼠标，选择鲸鱼的造型，圆润可爱，在使用时，用户可以畅想大海的浩瀚和海风的清爽。

图3-18 Visenta I5鲸鱼仿生光电鼠标

Loofa婴儿监视器的形态设计灵感来自于一种名为butternut的南瓜，如图3-19所示。圆滑的外形和简单的身体足以容纳所有的监控设备和光所需的组件。可以将其安装到天花板上，广角照相机能够捕捉整个房间的形象，其图像可通过Wi-Fi或3G设备传输。Loofa婴儿监视器的第二个作用是作为一个环境光源，可以为宝宝的房间提供舒缓的氛围。这样，当宝宝长大以后，父母还可以用Loofa作为一个小夜灯。

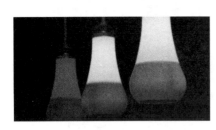

图3-19 Loofa婴儿监视器

仿生造型设计的方法具有广泛的应用范围，大到飞机、汽车，小到瓶塞、纽扣，都成功地运用了该方法。但是，由于仿生设计仅仅是产品设计的一种方法而已，因此，并不是所有的产品通过仿生设计，都能取得创意和销售上的成功。所以在进入仿生设计之前，首先应根据前面的调研所获得的资料，综合分析该产品是否适合用仿生设计的方法进行形态设计，否则就应该尽快寻找其他方法以替代仿生设计。

3.2　移植设计法

3.2.1　移植法的含义

移植法，就是将某领域内的原理、方法、材料和结构等引用到另一领域而进行创新活动的一种方法。移植法的原理是各种理论和技术互相之间的转移。一般是把已成熟的成果转移到新的领域，用来解决新问题，因此，它是现有成果在新情境下的延伸、拓展和再创造。其实质是，应用已有的其他科学技术成果，在某种目的的要求下，通过移植来更换事物的载体，从而形成新的概念。在应用时，应注意以下几点：

（1）弄清楚某一事物的原理（方法）及其功能。

（2）明确应用这些功能的目的。

（3）对照运用某一事物的原理（方法）于另一事物上是否可行。

（4）提出具体应用的方法和设想。

（5）检查设想可能出现的问题。

（6）实验直到成功。

3.2.2　移植法的设计方法

1．原理移植

原理移植即把某一学科中的科学原理应用于解决其他学科中的问题。例如，电子语音合成技术最初用在贺年卡上，后来又把它用到了倒车提示器上，还有人把它用到了玩具上，从而出现了会哭、会笑、会说话、会唱歌、会奏乐的玩具。

设计师将柔性的音响材料与背包相结合，推出了一款便携、多功能的音响背包，如图3-20所示。它的音响材料薄而轻，但却能创造出与小型音箱相同的音响效果；背包底部可以翻折成尖头状，能够稳稳地插在沙滩上。由于这种音响材料可以从背包上除去，因此使用者可以非常方便地清洗背包，或将音响材料用于其他用途。

图3-20　背包音箱（Jules Parmentier and Nancy N'Guyen设计）

2．技术移植

技术移植即把某一领域中的技术运用于解决其他领域中的问题。如图3-21所示，设计师将手风琴式结构移植家具设计中，新颖又不失美感。

3．方法移植

方法移植即把某一学科、领域中的方法应用于解决其他学科、领域中的问题。如图3-22所示，设计师将传统用火柴点燃蜡烛的方式，移植到hono电子蜡烛设计中来，既尊重传统的生活习惯又有时代的创新。

图3-21 手风琴式结构移植家具设计中

4. 结构移植

结构移植即将某种事物的结构形式或结构特征，部分地或整体地运用于另外的某种产品的设计与制造上。

通常人们在使用U盘时都容易丢失，设计师从方便存放U盘的角度出发，设计了这款带挂钩的U盘，如图3-23所示，当人们在不使用时可以非常方便的将其挂在背包或者手提袋上，一个贴心的挂钩设计就减少了U盘丢失的风险。

图3-22 hono电子蜡烛
[村田智明设计（日本）]

图3-23 带挂钩的U盘 [nendo事务所（日本）]

5. 功能移植

功能移植即设法使某一事物的某种功能也为另一事物所具有，而解决某个类似问题。图3-24所示的洗手池很特别，它的内部是螺旋纹的，这样可以方便、快捷地清洗衣物。

图3-24 螺旋纹洗手池（Zhong-Fa Lie & Yoori Koo设计）

6. 材料移植

材料移植就是将材料转用到新的载体上，以产生新的成果。图3-25所示为一款不污染环境的新潮饰品概念，名为Viruteria Bracelet。整个手环全部采用木料制成，没有使用任何会带来环境污染的化学物质，设计风格为中性，体现一种环保型的时尚感。

图3-25　Viruteria Bracelet饰品（Masiosare Studio工作室设计）

3.3　替代设计法

3.3.1　替代设计法的概念

替代设计法就是尝试使用别的解决办法或构思途径，代入该项设计的工作过程之中，以借助和模仿的形式解决问题。如何进行替换？有没有其他的东西来代替？由此延伸，人们成功的用塑料代替了金属、玻璃，用太阳能代替了电能，当然这仅仅是一小部分，完全的替换还需要更多的发展。

3.3.2　替代设计法的分类

对于替代而言，最重要的部分便是技术替代、材料替代以及工作原理替代。

1. 技术替代

推进设计发展的一个重要前提条件便是新技术，新技术的出现会给设计界甚至整个社会带来不小的变化。20世纪70年代，美国的F-14战斗机（见图3-26）无论是在性能还是在技术上，都位居世界前沿，但它的价格和维修费用相当昂贵，后来因为国家政策的原因，进行了技术改进，造价低了7倍之多，这就是后来的F-18（见图3-27）。这便是通过一些新的技术来对一些产品进行进一步的改进，从而节约成本，提高产品性能的实例。

图3-26　F-14"雄猫"（Tomcat），
美国格鲁曼公司研制

图3-27　F-18"大黄蜂"（Hornet），
美国格鲁曼公司研制

2. 材料替代

材料替代是产品设计研发过程中一种常见的方法，也是应用最为广泛的一种方法。尤其是在产品的外观设计中，尝试应用不同的材料，赋予产品截然不同的外在品质，往往会收到意想不到的效果。苹果公司推出的G4系列计算机，外壳采用美国通用公司研制的透明塑料材质，配合亲和力很强的外观造型设计，一上市便给人耳目一新的感觉，大大提升了苹果的品牌价值。新材料的巧妙应用，不仅不会提高产品的相对成本，反而会大幅度地提高品牌价值，增长企业的经济效益。

现如今越来越多的企业注重产品外观的改进，而他们也在致力于新材料的开发以及应用，现如今纳米材料已被全社会所关注，其研究也备受瞩目，这种新材料以其独特的特点，必将会深入到人们生活的方方面面。一旦其形成产业化，必将会给人们的生活带来革命性的变化，也将会推动整个社会的进一步发展。

3. 工作原理替代

现如今，人类社会已经进入了高度发达的数字化时代，许多产品的工作原理和工作方式都可以用数字化方式实现，从而提高产品的功能、质量和精确程度。人们用这种方法发明了许多物美价廉的产品，电子表便是这一数字化设计的体现。机械表曾经在人们的计时工具中长期占领主导地位，但因其表芯的结构非常复杂，故需要熟练的技术和先进的加工工艺，而且机械表有时在时间上误差大，其维修也不方便，加之价格又比较昂贵，因此当电子表出现后，一经投入市场便得到广大消费者的欢迎，因为它不但轻便，走时准确，价格也非常便宜。石英表也是通过替代机械原理而达到准确目的的另一种方式，无论是电子表还是石英表，其工作原理都发生了革命性的变化，而且结构简单，便于生产，给人们的生活带来了极大的方便。图3-28所示为机械表、电子表和石英表的外形。

图3-28 机械表、电子表和石英表的外形

3.3.3 替代产品的缺点

替代产品也有其一些缺点，包括原有产品的压力还有对公司、市场的一些压力。

（1）替代产品的赢利能力。若替代产品具有较大的赢利能力则会对本行业的原有产品形成较大压力，替代产品把本行业的产品价格约束在一个较低的水平上，使本行业企业在竞争中处于被动位置。

（2）生产替代产品的企业所采取的经营战略。若它采取迅速增长的积极发展战略，则它对本行业将会构成威胁。

（3）用户的转换成本。用户改用替代产品的转换成本越小，则替代品对本行业的压力越大。

尽管有影响，但是对于设计师而言，只要设计得好，就不怕没有市场。像电子表的出现，在很大程度上满足了人们的生活需求，而且适合社会的大多数人群，这样看来，好的设计会改变社会的整体需求，也会推动整个消费心理的转变。

3.4　类比设计法

3.4.1　类比设计法的含义

类比是将一类事物的某些相同方面进行比较，以另一事物的正确或谬误证明这一事物的正确或谬误。类比设计法又称"比较类推法"，简称类比法，是指由一类事物所具有的某种属性，可以推测与其类似的事物也应具有这种属性的推理方法。其结论必须由实验来检验，类比对象间共有的属性越多，则类比结论的可靠性越大。与其他思维方法相比，类比法属平行式思维方法。与其他推理相比，类比推理属于平行式推理。无论何种类比都应在同层次之间进行。

类比法是由美国创造学家哥顿（W·J·Gorden）首次提出。他在收集了物理、机械、生物、地质、化学和市场等方面专家的发明创造过程之后，进行了分类编组和深入研究。他发现专家们在课题研究活动中，能够使创造活动成功的一些特殊技巧，就是把初看起来没有关系的东西联系起来进行类比。这是类比法的基础，应用这种方法就是要把人们在解决问题时所做的假设和解决办法加以综合分类，以便有效地使用。

3.4.2　类比法的作用

类比法的作用是"由此及彼"。如果把"此"看作前提，"彼"看作结论，那么类比思维的过程就是一个推理过程。古典类比法认为，如果人们在比较过程中发现被比较的对象有越来越多的共同点，并且知道其中一个对象有某种情况而另一个对象还没有发现这个情况，这时候人们就有理由进行类推，由此认定另一对象也应有这个情况。现代类比法认为，类比之所以能够"由此及彼"，之间经过了一个归纳和演绎程序，即从已知的某个或某些对象具有某情况，经过归纳得出某类所有对象都具有这个情况，然后再经过一个演绎得出另一个对象也具有这个情况。

3.4.3　类比法的特点

类比法的特点是"先比后推"。"比"是类比的基础，既要"比"共同点也要"比"不同点。对象之间的共同点是类比法能否施行的前提条件，没有共同点的对象之间是无法进行类比推理的。

3.4.4　类比法的分类

1. 直接类比

直接类比，即收集一些同主题，有类似之处的事物、知识和记忆等信息，以便从中得到某种启发或暗示，随即思考解决问题的办法。在运用这种方法时可以与收集到的事物、自然界存在的动植物的肌理等进行类比，来探索其在技术上是否有实现的可能性。图3-29所示为气球艺术礼服，它将气球的不同造型方式应用于服装设计中来，造型炫酷、夸张。

图3-29　气球艺术礼服（RieHosokai与Takashi Kawada设计）

2. 象征类比

象征类比是一种能使人从满足审美的事物中得到启发，联想出一种景象，随即提出实现方案的方法。用能抽象反映问题的词或简练词组来类比问题，表达所探讨问题的关键。由自然界存在的事物进行联想，看能不能通过技术进行实现，从而解决问题。

Richard Clarkson和他的团队设计的充满安全感的"摇篮"躺椅，如图3-30所示。这款躺椅的整体造型为一个半圆形，材料由木质制成，由于为半圆的造型，当人躺进去的时候就会随着重心的偏移而左右晃动，回到家躺在这样的一个椅子里，一定能让疲惫了一天的身心得到放松。

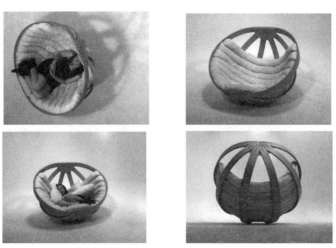

图3-30　"摇篮"躺椅（Richard Clarkson团队设计）

3．拟人类比

把人模拟为主题中的事物，然后设身处地的思考问题，以求在改进方面获得启发，想出新的方案。通过想象中的亲自体会来感受，从而得到新的启发。

通常雨衣的使用环境都是在骑车的时候，而步行通常都会打伞，那么为什么步行的时候很少有人会穿雨衣呢？除了穿着不方便外，雨衣不能很好地遮住头部也是一个原因。图3-31所示的这款雨衣采用的是前面开口的方式，方便穿上，另外最大的特点就是在雨衣的头部做出了较大改进，在雨天不再害怕头部被雨淋。

图3-31　雨衣（Athanasia Leivaditou设计）

4．本质类比法

通过对一些事物之间本质的类比，发现问题，解决问题。类比时要注意抓住两类事物在某些本质属性方面的相似去推理。

5．幻想类比法

幻想类比法可以通过幻想，想象出一些现实生活中不存在的可能解决问题的办法。通过对一些事物的幻想，进而找到问题解决的办法，再看技术是否可行。

6．因果类比法

因果类比法即"原理类比"。因果类比法是根据已经掌握的事物的因果关系与正在接受研究改进事物的因果关系之间的相同或类似之处，去寻求创新思路的一种类比方法。

7．结构类比法

结构类比法是由已经出现的产品结构类比同类型的产品，创造出更经济、更省力的设计，从而进行发明创造。

图3-32所示的创意插头是由Seungwoo Kim设计的，是在传统插头外观的基础上进行改革，把插头的中间部分设计成一个圆环，这样在拔掉插头时就会非常方便、容易，设计师还在圆环内设计有一圈LED光环，这样可以让用户在夜间迅速将其找到，并且很方便地拔下。

图3-32　创意插头（Seungwoo Kim设计）

8. 形式类比法

形式类比法即"模型类比法"，是为使研究、思考方便，常把类比所用的参照物简化、抽象化，用符号或模型表示，以便突出参照物的本质。对事物的把握一定要简洁明了，这样便可找出类比的对象所要解决问题的办法。如图3-33所示，造型奇特的桌子会给用户不一样的梦幻感受。

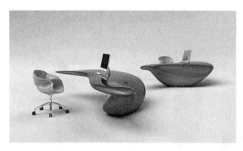

图3-33　Artistic Volna桌子 [Nüvist设计（土耳其）]

这些类比法并不是相互孤立的，可用一种，也可好几种结合使用，最主要的几种方法便是直接类比、拟人类比和象征类比，但是所有的这些类比都是在设计过程中按设计师的需要来进行综合，取决于设计师在设计过程中实际的需要。这种类比的方法特别适于新产品的开发，因为此时如果只是根据具体的对象想办法，人们总会受到许多习惯的约束，这样就得不到彻底解决问题的方案。

世界上万物之间都存在某种联系，都有不同程度的对应与类似。有的本质类似，有的构造类似，也有的仅仅是形态、表面的类似。作为类比设计法，就是要求设计师能够从异中求同，从同中见异，这样便可以得到创造性的设计成果。

3.5　组合设计法

3.5.1　组合设计法的含义

组合设计法是指从两种或两种以上事物或产品中抽取合适的要素重新组织，构成新的事物或新的产品的创造技法。

"组合"在《辞海》中解释为"组织成整体"；在数学中"组合"是从m个不同的元素中任取n个成一组，即成为一个组合；创造学中组合型创造技法是指利用创造性思维将已知的若干事物合并成一个新的事物，使其在性能和服务功能等方面发生变化，以产生出新的价值，例如：

（1）按产品分类，有同类物品组合、异类物品组合及主体附加组合三种。

（2）按功能分，有功能组合、功能引申组合和功能渗透组合三种。

（3）按组合的数目分，有两种功能的组合与多种功能的组合两种。

3.5.2 组合设计法的分类

组合设计法常用的有主体附加、异类组合、同物自组、重组组合以及信息交合法等。

1. 主体附加

主体附加即以某事物为主体，再添加另一附属事物，以实现组合创造的技法。

Modular Toaster模块化烤面包机以一个完整面包机为单元元素存在，可按人数添加单元，即添加另一个完整烤面包机，如图3-34所示，这样就改变了人多，不能及时吃到面包的窘境。每个单元单独操作也能调和众口，满足每个人的需求。

图3-34　Modular Toaster模块化烤面包机（Hadar Gorelik设计）

2. 异类组合

异类组合是将两种或两种以上的不同种类的事物进行组合，以产生新事物的技法。其特点是：组合对象（设想和物品）来自不同的方面，一般无明显的主次关系。组合过程中，参与组合的对象从意义、原理、构造、成分、功能等方面可以互补和相互渗透，产生"1+1>2"的效果，整体变化显著。异类组合是异类求同，因此创造性较强。

平常生活中会有很多不使用的瓶子不知如何处理，直接用来插花的话又会觉得丑，如果配上半截的硅胶花瓶套，瞬间就能将这些废弃的瓶子变成漂亮的花瓶，如图3-35所示。

图3-35　花瓶（Milk Design Limited设计）

图3-36所示的这款音响系统包括了4个可分别独立工作的扬声器，这4个扬声器可以一个接一个地堆积在一起。分开以后的扬声器可以分别放置在房间的各个角落，均匀地将声响从各个角度传输过来。这款模块化音响系统不仅提升了室内欣赏音乐的听觉感受，同时起还到了室内装饰的作用。

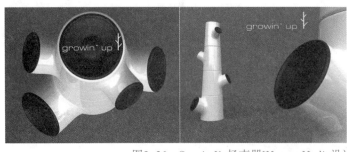

图3-36　Growin Up扬声器[Marcos Madia设计（阿根廷）]

3. 同物自组

同物自组就是将若干相同的事物进行组合，以图创新的一种创造技法。

图3-37所示为一款设计简单的花瓶，整体造型为一个方形的瓶子，它们可以单独或组合使用，在瓶了的侧边有凸出和凹进的部分，这样就可以让每个花瓶连接在 ·起。多款颜色可选，富有简约美感。

图3-37　花瓶（Mebrure Oral设计）

4. 重组组合

任何事物都可看作是由若干要素构成的整体。各组成要素之间的有序结合，是确保事物整体功能和性能实现的必要条件。有目地改变事物内部结构要素的次序，并按照新的方式进行重新组合，以促使事物的功能和性能发生变化，这就是重组组合。

图3-38所示的这款名叫more的模块化家具使用户能够发挥他们的想法而组合出不同功能的家具，该模块化家具可以组合成书架、书桌、椅子等。在组合过程中不需要任何特定的工具，这样就能使家居变得更加灵活。

图3-38 more模块化家具（Giorgio Caporaso设计）

5. 信息交合法

信息交合法是一种在信息交合中进行创新的思维技巧，即把物体的总体信息分解成若干要素，然后把这种物体与人类各种实践活动相关的用途进行要素分解，把两种信息要素用坐标法连成信息标。X轴与Y轴垂直相交，构成"信息反应场"，每个轴上各点的信息可以依次与另一轴上的信息交合，从而产生新的信息，不同的信息会在不同的交合坐标中，产生新的设计方向，如图3-39所示。信息交合法是建立在信息交合论基础上的一种组合创造技法。人们在掌握一定信息基础上通过交合与联系可获得新的信息，实现新的创造。"交合"思维法具有新颖独特、图表感知性较强、科学程序性三个优点。信息交合法不但能使人们的思维更富有发散性，应用范围更加广泛，而且还能帮助人们在发明创造活动中，不断地强化理性的、逻辑的思维能力的培养，同时在创造思维、创造教育中，作为教学、培养、培训方法，显得更有系统性、深刻性和实用性。信息交合法定理和信息交合论使用程序如表3-1和表3-2所示。

表3-1 信息交合法定理表

类 别	概 念	内 容	案 例
第一个定理	心理世界的构象，即人脑中勾勒的映象，由信息和联系组成	其一，不同信息、相同联系产生的构象	例如，轮子与喇叭是两个不同信息，但交合在一起组成了汽车，轮子可行走，喇叭则发出声音表示"警告"
		其二，相同信息、不同联系产生的构象	例如，同样是"灯"，可吊、可挂、可随身携带（手电筒），也可作成无影灯
		其三，不同信息、不同联系产生的构象	例如，独轮自行车本来与盒、碗、勺没有必然联系，但杂技演员将它们交合在一起，构成了杂技节目
第二个定理	具体的信息和联系均有一定的时空限制性	新信息、新联系在相互作用中产生，没有相互作用就不能产生新信息、新联系。所以"相互作用"（即一定条件）是中介。当然，只要有了一定条件，任何的信息均可以进行联系	例如，手杖与枪似乎是互不相关的不同信息，但是，在战争范畴（条件）内，则可以交合"手杖式枪支"

表3-2 信息交合论使用程序表

程　序	具 体 内 容
定中心	即确定研究中心。也就是说，你思考的问题是什么，你要解决的课题是哪个，你研究的信息为何物，要首先确定下来
设标线	根据"中心"的需要，确定画多少条坐标线
注标点	即在信息标上注明有关信息点
相交合	以一标线上的信息为母本，另一标线上的信息为父本，相交合后便可产生新信息
列出新产品	将组合出的新产品依次列出，并可顺标线移动变量，使产品系列化

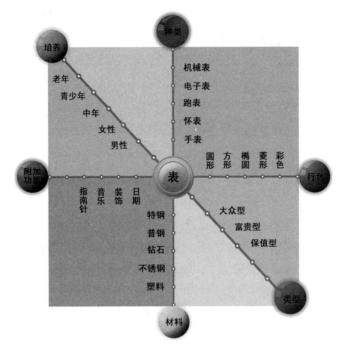

图3-39 信息交合法案例图

3.6 缺点列举设计法

3.6.1 缺点列举设计法的含义

缺点列举设计法就是凡属缺点均可一一列出，越全面越好，然后从中选出急待解决、最容易解决、最有实际意义或最有经济价值的内容，作为创新的主题。例如，结构不合理、材料不得当、无实用性、欠安全、欠坚固、易损坏、不方便、不美观、难操作、占地方、过重、太贵等；或者从现行的生产方法、工艺过程中发现缺点；或从成本、造价、销售、利润等方面找出缺点；或从管理方法上找缺点。找出所有事物的缺点，将其一一列举出来，然后再从中选出最容易下手、最有经济价值的对象作为创新主题。

缺点列举法实施时并无一定程序，一般是通过各种途径全面搜索缺点，尽量少遗漏地将其列举出来，然后选定改进目标即可。例如，长柄弯把雨伞的缺点：

（1）伞太长，不便于携带；

（2）弯把手太大，在拥挤的地方会钩住别人的口袋；

（3）打开和收拢不方便；

（4）伞尖容易伤人；

（5）太重，长时间打伞手会疼；

（6）伞面遮挡视线，容易发生事故；

（7）伞湿后，不易放置；

（8）抗风能力差，刮大风时会向上开口成喇叭形；

（9）骑自行车时打伞容易出事故；

（10）伞布上的雨水难以排除；

……

针对这些缺点，可以提出许多改进方案，如：

（1）可折叠伸缩的伞；

（2）直把的伞，或者将弯把设计成回型封闭的状态；

（3）具备自动收缩功能的伞；

（4）伞尖改为圆形，不易伤人；

（5）强度大、韧性好、轻便的碳钢骨架的伞；

（6）透明的伞；

（7）伞顶加装集水器，上车收伞时雨水不会滴在车内；

（8）具有防风引导气流装置的伞；

（9）可以固定在自行车上的伞；

（10）具有抗水涂层的伞；

……

雨伞通常是将伞套和雨伞分开的，当下雨天人们使用雨伞时就必须把雨伞从伞套中取出，而伞套就成了多出来的累赘，当人们刚刚用完雨伞走进商店或者某些地方需要收起雨伞时，发现湿漉漉的雨伞不知该往何处放。图3-40所示的雨伞设计是将雨伞和伞套集合在一起，使用时伞套将成为手柄，而用完后就可将雨伞收纳进去，即便雨伞还是湿的也没关系，因为伞套是由防湿的塑料制成的。

图3-40　雨伞和伞套集合在一起的雨伞

3.6.2 缺点列举设计法运用要点

（1）做好心理准备。缺点列举设计法的应用基础就是发现事物的缺点，找出事物的毛病。

（2）缺点列举的方法主要有：访问列举法、会议列举法和分析列举法。在研究主题时，宜小不宜大。碰到较大的课题，可按层分解为一些小课题，然后在列举其缺点。这样一件产品的各个部分、各个层次的缺点就不至于遗漏。

（3）缺点的分析和鉴别。对于列举出的大量缺点，必须进行分析和鉴别，从中找出有价值的主要缺点作为创造的目标，这是缺点列举法的关键所在。不同的缺点对事物特征和功能影响程度不同，如电动工具绝缘性能差，较之其质量偏大、外观欠佳来说重要得多；工艺礼品的包装不精美，较之礼品本身某小部件的色彩欠佳重要得多。

3.6.3 产品缺点分类方法

任何事物或多或少都有缺点。工业产品无论怎样设计加工，都会存在一些缺点。在运用缺点列举设计法对产品进行革新时，必须首先了解缺点的性质及类别，然后才能便于列举。一般来说，产品的缺点，有以下两种分类方法。

1. 按照缺点是否明显分类

首先按照缺点是否明显划分，可分为显露缺点和潜在缺点。显露缺点一般是由以下原因造成的：

（1）再生产过程中形成的缺点，如铸件上的砂眼，陶瓷上的斑点、裂纹、变形等缺陷。

（2）由于原材料不好而形成的，如原材料质量差、不合格等。

（3）由于设计不良造成的，如成本高、噪声大、体积大、质量大、外观不美等缺陷。

潜在缺点的主要成因如下：

（1）由于设计造成的，如安全性、维修性和可靠性等需要在使用过程中才能发现，从外观上一般是不易看出的。

（2）由于技术进步造成的。随着时间的推移，技术上变得落后，这样，产品原来的优点也会失去积极作用，转化为消极作用，变成了缺点。

2. 按行程缺点的时间分类

按行程缺点的时间划分，可分为先天性缺陷和后天性缺陷。先天性缺陷是由选题不当、决策失误造成的；后天性缺陷是在设计、计算和生产过程中造成的。对这两类缺陷也应一一加以列举。

以上两类的缺陷不是各自独立的，而是彼此相互交叉的。在运用这种方法时，要从各个不同的角度加以分析，以避免遗漏。由此看来，缺点列举设计法的特点是着眼于事物的功能，吹毛求疵地列举产品功能上的缺陷，然后针对所提的缺点提出改革的方案。

通常人们使用的插座都有一个局限性，只能在一个地方使用，这样电器也就必须围绕在插座周围，非常不便。图3-41所示的插座，它由5个插座组成，分别通过电线连接，不用时之间的电线可以缠绕在单个插座上面。如此一来，电器在哪里插座就可以在哪里了。

图3-41 插座

3.7 特性举例设计法

3.7.1 特性举例设计法的含义

特性举例设计法是由美国内布拉斯加大学教授克劳福特于20世纪30年代初创立的一类创新技法。运用该技法首先要把研究对象的主要属性逐一列出，通过进行详细分析，探讨能否进行改革或创新。一般来说，事物的特性包括名词特性、形容词特性和动词特性。特性举例设计法在运用中要对创新对象的全部特性进行列举，列举得越全面越详细，越容易找到需要创新和改进的地方。要着手解决的问题越小，越容易获得创新的成功。

3.7.2 特性举例设计法的步骤

1. 确定研究对象

研究对象应当选择一个比较明确的革新课题，课题宜小不宜大，如果课题较大，应将其分解成若干小课题。例如，自行车的创新设计，如果将自行车分为若干部分：车胎、钢圈、链条、齿轮、车身、车把、刹车、车座、车铃等分别予以研究，只要革新其中一个或几个部分，就可以导致自行车整体性能的创新。

图3-42所示的健身自行车是把奔跑健身原理运用于传统的自行车上，该产品没有座椅，把脚踏板改造成了一种奔跑辅助设备，链条设计在后轮的上方，通过转轴与奔跑踏板连接，人需要不断地奔跑来促进车子运动，外出使用它，既节能减排还锻炼身体，放下脚架还可在家里使用。

图3-42 健身自行车

图3-43所示的这款名为Early Rider的儿童自行车是一款专为儿童设计的，说它是自行车却没有脚踏板，因为这款自行车的设计目的不是为了给孩子们学车用的，而是锻炼孩子的平衡，儿童做在车上可以用脚着地蹬着走。Early Rider儿童自行车有3种尺寸，可以适合2~5岁的不同高矮胖瘦的孩子使用。

2. 列举研究对象的特性

列举研究对象的特性一般包括3个方面：

（1）名词特性：反映事物的性质、整体、部分、材料及制造方法等；

（2）形容词特性：反映事物的颜色、形状、大小、长短、轻重等；

（3）动词特性：反映事物的机能、作用、功能等。

图3-43　Early Rider儿童自行车

3. 分析鉴别特性

运用发散性思维，提出革新方案。设计师对所列举出的词汇逐一进行具体的分析，判断每一个特性是否具有改进和创新的必要性和可能性，淘汰那些没有价值和不现实的特性，并将欲创新的特性加以整理，按重要程度进行排列，对列举的特性进行提问。例如，对电暖炉进行创新设计，将电暖炉按名词、形容词、动词特性化整为零。

图3-44　电暖炉（设计：
刘双，指导：王俊涛）

（1）名词特性：

整体：电暖炉（见图3-44）；

部分：炉体、开关、温控、炉身、炉底、散热孔；

材料：铝、铁皮、不锈钢、铜皮、搪瓷等；

制造方法：冲压、焊接和模压。

（2）形容词特性：

颜色：黄色、白色、灰色；

质量：小、大；

形状：方形、圆形、椭圆形、多边形；

大小、高低等。

（3）动词特性：固定、移动、取暖效率、加热效率等。

3.8　愿望满足设计法

3.8.1　愿望满足设计法的含义

愿望满足设计法又称希望点列举法，是由Nebrasa大学的克劳福特（Robert Crawford）提出的。此法是通过提出对该问题和事物的希望或理想，使问题和事物的本来目的聚合成焦点加以考虑，进而探求解决问题和改善对策的技法。愿望满足设计法不同于缺点列举设计法。后者是围绕存在事物找缺点，提出改进设想。这种设想一般不会离开事物的原型，故为被动型的创造技法。而愿望满足设计法是从社会需要、发明创造者的意愿出发而提出的各种新设想，它可以不受原有事物的束缚，所以是一种主动型的创新技法。

从思维角度看，愿望满足设计法是收敛思维和发散思维交替作用的过程。从某一模糊需要出发，创造者发散思维，列举出多种能满足需要的希望点；然后又进行收敛思维，即选择可实施创新的希望点。

3.8.2 愿望满足设计法的分类

按照是否有明确的、固定的创造对象，可以把愿望满足设计法分为两大类。

1. 目标固定型

目标固定型即目标集中在已确定的创造对象上，通过列举希望点，形成该对象的改进和创新方案。有人将其称为"找希望"。

2. 目标离散型

目标离散型即开始时没有固定的创造目标和对象，通过对全社会、全方位、各层次的人在各种不同的时间、地点、条件下的希望点的列举，寻找创新的落点已形成有价值的创造性课题。它侧重于自由联想，特别适用于群众性的创造发明活动。有人将此类愿望满足设计法简称为"找需求"。为了相对集中，也可以在列举前规定一个范围，例如，通过对老年人的希望点的列举，为老年人设计新的用品。

3.8.3 愿望满足设计法的方法

虽与缺点列举设计法类似，但愿望满足设计法的实施有更多的灵活性，常用的有：

1. 书面搜集法

依据创新目标，设计一种卡片，发动客户、本单位员工及特邀人员，请他们提供各种希望和需要。

2. 会议法

召开5～9人的小型会议（60～120 min），由主管就革新项目或产品开发征集意见，激励与会者开动脑筋，互相启发，畅所欲言。

3. 访问谈话法

派人直接走访客户或商店等，倾听各类希望性的建议与设想。

3.8.4 愿望满足设计法的程序

对上述方法收集到的各类建议和设想，再进行分析研究，制订可行方案。具体程序如下：

（1）对现有的某个事物提出希望。希望一般来自于两个方面：事物本身存在美中不足，希望改进；人们的需求提升，有新的要求。

（2）评价新希望，筛查出可行的设想。

（3）对可行性希望作具体研究，并制订方案、实施创造。

例如，图3-45所示的由Mia Schmallenbach设计的这款刀具，囊括了削皮刀、切肉刀、厨师刀和圆角刀，它们都是一体成型的不锈钢刀具。不用的时候可以把全部的刀子组合起来，不仅实用又方便收纳。

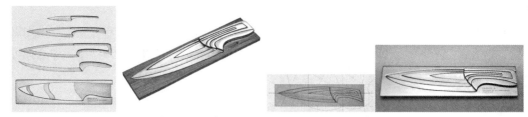

图3-45 组合刀具（Mia Schmallenbach设计）

3.8.5 愿望满足设计法的应用

在运用愿望满足设计法进行创造设计时，可以分别从不同的角度，例如，以人类的普遍需求、现实的需求、特殊群体的需求以及以潜在的需求为立足点进行思考和分析。

1. 人类的普通需求

希望实际上是人类需求的反映，因此利用愿望满足设计法进行创造发明就必须重视对人类需求的分析。人类的普通需求有很多，比如求新心理、求美心理、求奇心理、求快心理等。不仅要注重人类的普遍需求，而且还要分别站在不同层次人们的立场上进行分析，如不同年龄、不同性别、不同文化、不同爱好、不同种族、不同区域、不同信仰的人们，他们的需求也各不一样。

图3-46所示为一款设计灵感来源于平面三维图像的壁柜产品，第一感觉是色彩绚丽漂亮，主色调采用明亮的橘黄色和深暗的黑色结合，强大的色差给人们的视觉带来了一种强烈的冲击。

图3-46 三维图像效果的壁柜（Charles Kalpakians设计）

对于一些贫穷地方，在电力缺乏的情况下使用洗衣机是件不现实的事情，他们洗衣服都采用的是手洗，设计师设计的这款小型的人力驱动的洗衣机，容量小，便于人力驱动，在洗衣机的底部有一个脚踏板，通过脚踏板的踩动来运行洗衣机，如图3-47所示。这样的一款产品在电力资源缺乏的地方是非常实用的。

图3-47 人力驱动洗衣机（Elodie Delassus设计）

2. 现实的需求

现实的需求是摆在眼前的需求，是人们急于实现的需求，是几乎每个人都能感觉到的需求。现实的需求是设计师首要关注的因素，切莫视人们的现实需求于不顾而进行一些不切实际的研究。

3. 特殊群体的需求

例如，盲人、聋哑人，残疾人、孤寡老人、精神病人等特殊群体，在社会中只占有很少一部分，所以大部分设计忽略了他们的存在。随着经济的发展，社会越来越多地关注这些特殊群体。而这些特殊群体的需求也远远比普通人的需求要迫切，所以针对特殊群体的设计空间就显得格外广阔。

4. 潜在的需求

潜在的需求是相对于现实需求的一种未来需求。这就要求设计师的目光要放长远，能灵敏地触觉到事物的发展趋势。根据有关资料介绍，潜在需求占总需求的60%～70%。因此，世界著名企业无不重视对潜在需求的研究。

3.8.6　愿望满足设计法的注意事项

（1）该方法作为一种积极主动的创造性思维，在工业设计特别是开发新产品的过程中起着重要作用。准确地发现人们的希望和需求，并及时迅速地推出满足此需求的产品是企业成功的关键。例如，大众公司出产的新甲壳虫，之所以能获得惊人的销售量，就是因为准确地抓住了消费者的一种怀旧情绪，满足了一部分人的心理需求。由愿望满足设计法获得的发明目标与人们的需要相符，更能适应市场。

（2）希望是由想象而产生的，思维的主动性强，自由度大，所以，列举希望点所得到的发明目标含有较多的创造成分。人们的希望是多种多样的，无边无际的，但真正有价值能够投入设计开发的也只占少数，所以对这些希望点要加以分析鉴别，而且要特别注意表面希望与内心希望的鉴别以及显示希望与未来希望的鉴别。

（3）列举希望时一定要注意打破定势。在运用愿望满足设计法进行设计时，一要注重观察联想，一要注重调查研究。要使列举法的希望点尽可能地复合社会的需求，就必须善于观察发现人们在日常生产、生活、学习中所有有意或无意地流露出来的某种希望刷要求，充分利用联想构思出满足霜求的方案。从征求的意见和调查的结果中选出目前可能实现的若干项进行研究，制订具体的创造方案。

（4）对于愿望满足设计法用得到的一些"荒唐"意见，应用创造学的观点进行评价，不要轻易放弃。

以风扇为例，看看是如何从是原始的风扇一步步发展到现在种类繁多、功能多样的，如表3-3所示。

表3-3　风扇希望点列举案例

希 望 点	产生的效果
希望角度不仅仅限制在一定角度范围	摆头风扇
希望不摆头部就能得到不同的风向	转页式台扇
希望风吹的范围更大	吊扇，扩大了风吹的范围

续表

希　望　点	产生的效果
随意调节风力的强弱，而不用换挡位	无级调整风扇
希望风扇也像电视一样用摇控器控制	遥控风扇
希望风扇能丰富多彩	娇小可爱的卡通风扇，可装点生活
希望风扇像折扇那样方便随身携带	帽沿风扇或微型风扇
希望风扇的转叶不会伤到人	弯曲叶，采用软性材料
希望一种节约空间的风扇	挂壁式风扇，可挂在墙壁上
希望只是调节空气流动的功能	塔式气流扇，起到流动空气的效果
希望更关注健康功能	带负离子功能的电风扇
希望风速根据温度的高低而大小变化	温控风扇可自主调节风扇大小的功能
希望驱蚊虫	驱蚊风扇
希望在停电时也能享受风扇	带蓄电池电源风扇
希望在计算机前享受舒服的凉风	USB风扇，可以接到计算机的USB插座上
希望结合空调和风扇的优点	空调扇

3.9　头脑风暴设计法

3.9.1　头脑风暴设计法的概念

头脑风暴设计法（Brainstorming）是一种利用组织、集体产生大量创新想法、思维、思考、主意的技术方法，强调激发设计组全体人员的智慧。在产品设计中采用这种方法，通常是举办一场特殊的小型会议，使与会人员围绕产品外观、功能、结构等问题展开讨论。与会人员相互启发、鼓励、补充、取长补短，激发创造性构想的连锁反应，从而产生众多的设计创意方案。在这个阶段的讨论过程中，无须过分强调技术标准等问题，着眼点主要集中于产品创意本身。理想的结果是罗列出所有可能的解决方案。这种通过集体智慧得到的思维结果相比个人而言，更加广泛和深刻。

头脑风暴设计法于20世纪40年代由被誉为"创造工程之父"的亚历克斯·奥斯本(Alex Faickney Osborn,1888—1966)在其著作*Your Creative Power*中作为一种开发创造力的技法正式提出，原指精神病患者头脑中短时间出现的思维紊乱现象，病人会产生大量的胡思乱想。奥斯本借用这个概念来比喻思维高度活跃，打破常规的思维方式而产生大量创造性设想的状况。后来英国"英特尔未来教育培训"将其作为一种教学法提出，试图通过聚集成员自发提出的观点，产生一个新观点，进而使成员之间能够互相帮助，进行合作式学习，并且在学习的过程中，取长补短，集思广益，共同进步。

3.9.2　头脑风暴设计法的特点

（1）极易操作执行，具有很强的实用价值。

（2）因为良好的沟通氛围，有利于增加团队凝聚力，增强团队精神。

（3）每个人的思维都能得到最大限度的开拓，能有效开阔思路，激发灵感。

（4）在最短的时间内可以批量生产灵感，会有大量意想不到的收获。

（5）几乎不再有任何难题。

（6）可以提高工作效率，能够更快更高效地解决问题。

（7）可以有效锻炼一个人及团队的创造力。

（8）使参加者增加自信、责任心，参加者会发现自己居然能如此有"创意"。

（9）可以发现并培养思路开阔、有创造力的人才。

（10）创造良好的平台，提供一个能激发灵感、开阔思路的环境。

3.9.3 头脑风暴设计法的应用

运用头脑风暴设计法进行创意讨论时，常用的手段有两种：

一是递进法，即首先提出一个大致的想法，所有成员在此基础上进行引申、次序调整、换元、同类、反向等思考，逐步深入。

二是跳跃法，不受任何限制，随意构思，引发新想法，思维多样化，跨度大。在创意过程中，设计组的每个成员都要积极思考，充分表现出专业技能和个性化的思维能力，进而在较短的时间内产生大量的、有创造性的、有水准的创意。

在产品概念设计过程中，头脑风暴设计法发挥了重要的作用。它以集思广义的特性在短时间内迅速产生大量设计创意构想，并通过对各种可行构想进行分析归纳，由设计师通过综合思考得出结论，产生最终设计方案。随着经济的蓬勃发展，产品创新需求不断增加，头脑风暴设计法必将在产品概念设计中应用得日趋广泛。

3.10 逆向思维设计法

3.10.1 逆向思维设计法的含义

逆向思维设计法是指为实现某一创新或解决某一因常规思路难以解决的问题，而采取反向思维，寻求解决问题的方法。本方法可以通过后天锻炼，提高逆向思维能力。逆向思维设计法不是一种培训或自我培训的技法，而仅仅是一种思维方法或发明方法，然而要挖掘人才能力，又必需了解这一方法。

习惯性思维是人们创造活动的障碍，它往往束缚着个人的思路。如果人们能突破这种习惯的约束，用挑剔的眼光多问几个为什么，甚至把问题颠倒，反向探求，倒转思维，可能又会出现一个新的天地，而有所发现或创造。

3.10.2 逆向思维设计法的分类

1. 反转型逆向思维法

这种方法是指从已知事物的相反方向进行思考，产生发明构思的途径。"事物的相反方向"常常从事物的功能、结构、因果关系等三个方面作反向思维。

2. 转换型逆向思维法

这是指在研究问题时，由于解决这一问题的手段受阻，而转换成另一种手段，或转换思考角度进行思考，以使问题顺利解决的思维方法。

3. 缺点逆用思维法

这是一种利用事物的缺点，将缺点变为可利用的东西，化被动为主动，化不利为有利的思维方法。这种方法并不以克服事物的缺点为目的，相反，它是将缺点化弊为利，以找到解决方法。

3.10.3 逆向思维设计法的特点

1. 普遍性

逆向性思维在各种领域、各种活动中都有适用性，由于对立统一规律是普遍适用的，而对立统一的形式又是多种多样的，有一种对立统一的形式，相应地就有一种逆向思维的角度，所以，逆向思维也有无限多种形式。如性质上对立两极的转换：软与硬、高与低等；结构、位置上的互换、颠倒：上与下、左与右等；过程上的逆转：气态变液态或液态变气态、电转为磁或磁转为电等。不论哪种方式，只要从一个方面想到与之对立的另一方面，都是逆向思维。

2. 批判性

逆向是与正向比较而言的，正向是指常规的、常识的、公认的或习惯的想法与做法。逆向思维则恰恰相反，是对传统、惯例、常识的反叛，是对常规的挑战。它能够克服思维定势，破除由经验和习惯造成的僵化的认识模式。

3. 新颖性

循规蹈矩的思维和按传统方式解决问题虽然简单，但容易使思路僵化、刻板，摆脱不掉习惯的束缚，得到的往往是一些司空见惯的答案。其实，任何事物都具有多方面属性。由于受过去经验的影响，人们容易看到熟悉的一面，而对另一面却视而不见。逆向思维能够克服这一障碍，且往往出人意料，给人以耳目一新的感觉。

3.10.4 逆向思维设计法的注意事项

（1）必须深刻认识事物的本质，所谓逆向不是简单的表面的逆向，不是"别人说东，我偏说西"，而是真正从逆向中做出独到的、科学的、令人耳目一新的超出正向效果的成果。

（2）坚持思维方法的辩证方法统一，正向和逆向本身就是对立统一，不可分割的，因此以正向思维为参照、为坐标，进行分辨，才能显示其突破性。

3.11 标准化设计法

3.11.1 标准化设计法的含义

产品设计和开发的标准化是通过在设计开发阶段制定和贯彻相关标准，运用标准化的方法，使产品的设计开发工作有序化。控制设计开发的质量，保证设计开发的产品符合市场的实际需要；减少产品设计开发的失误，加快产品设计开发的速度。通过产品的系列化、组合化、模块化，提高产品零部件通用化、标准化的程度，使产品的设计开发获得较好的经济效益。

伴随着客户对产品需求的日益多样化、个性化，全球企业产品竞争的核心已由增加产品产量、提高产品质量占领市场阶段，进入到适应市场需求的创新产品占领市场阶段。对制造企业来说，产品创新设计是企业生存和发展的源动力。快速响应不断变化的市场需求，开发和生产出客户所需的新产品是企业在市场竞争中制胜的必备能力。谁能够以最好的质量、最低的价格、最快的交货期和最佳的服务，满足客户对产品的个性化要求，谁就能够占有市场，取得竞争的优势。为增强企业产品创新能力，制造企业需要首先解决产品创新设计与生产专业化、成本等因素之间的矛盾。例如，进行产品创新设计需要解决多品种、中小批量生产与生产专业化间的矛盾；需要解决组织多品种、中小批量生产与如何降低成本、提高产品质量间的矛盾等。标准化为产品创新设计提供了支持，它应用于产品创新设计中，有利于解决上述矛盾。

3.11.2 标准化设计的内容

产品设计与开发一般包括产品决策、设计、试制、定型生产、持续改进五个阶段（见表3-4～表3-8），标准化审查工作是每个阶段必不可少的重要内容。

1. 决策阶段

产品开发决策阶段是通过对所开发产品的市场需求、技术发展等情况的调研，结合本企业的人力资源、设备和工艺水平、生产能力、资金能力等具体情况，进行技术经济分析，提出可行性研究报告。

表3-4 产品设计和开发的标准化——决策阶段

产品设计开发（决策阶段）		产品设计开发标准化审查工作	
工作程序	工作内容	审查对象	审查内容
市场预测	① 根据市场需求、国家投资的重点工程项目或用户订货，提出市场预测报告； ② 确定与产品有关的要求	市场预测报告	① 是否有同类型产品市场供求信息的归纳分析； ② 是否有市场对产品的品种、规格、性能、质量、价格等的要求； ③ 是否具有产品寿命周期预测； ④ 是否具有产品经济效果初步分析； ⑤ 是否具有新产品开发的必要性
技术调研	通过调查、分析、对比，提出调研报告	技术调研报告	① 是否具有国内外产品水平与发展趋势分析； ② 是否具有产品功能分析； ③ 是否具有采用新原理、新结构、新技术、新材料、新艺工展出的叙述； ④ 是否具有市场和用户的要求； ⑤ 是否具有新产品的设想，以及应执行的标准或法规的内容； ⑥ 是否具有根据需要提出的攻关课题及先行试验大纲
先行试验	必要时，可进行先行试验，并提出先行试验报告		
可行性分析	① 进行产品可行性分析，并提出可行性分析报告； ② 对可行性分析报告等文件进行评审，提出评审报告； ③ 进行与产品有关要求的评审并提出技术协议书等	可行性分析报告	① 是否具有新产品开发的必要性及市场需求量； ② 是否具有占领国内外市场的能力及其产品寿命周期的分析； ③ 是否具有产品总体方案的设想及其正确性、继承性和实现的可能性； ④ 产品性能、精度、主要技术参数是否符合适用的产品标准或法规的规定； ⑤ 是否具有技术可行性分析； ⑥ 是否分析提出产品设计周期和生产周期； ⑦ 是否具有企业生产能力和质量保证能力的分析； ⑧ 是否具有经济效益分析
开发决策	① 批准产品开发项目，列入企业产品开发计划； ② 制定并下达开发项目的《产品技术任务书》或《产品开发项目建议书》		

2. 设计阶段

设计阶段主要是指通过设计、确定总体技术方案、设计计算、必要的试验和设计评审，来完成全部图样及设计文件的过程。

表3-5 产品设计和开发的标准化——设计阶段

产品设计开发（设计阶段）		产品设计开发标准化审查工作	
工作程序	工作内容	审查对象	审查内容
总体方案设计（设计和开发输入）	① 根据下达的技术任务书或产品开发项目建议书，进行总体方案的设计（一般提出两个或两个以上的方案）； ② 绘制总图（草图）、简图（草图）	技术（设计）任务书	① 是否具有设计依据、产品的用途及使用范围； ② 是否具有根据需要提出攻关项目研究试验大纲或对关键技术难题提出解决办法； ③ 是否具有产品基本参数及主要技术性能指标，是否符合相关标准的规定； ④ 是否具有总布局及主要结构的概述； ⑤ 是否具有产品主要工作原理及系统概述； ⑥ 是否具有国内外同类产品水平分析比较； ⑦ 是否具有标准化综合要求，及其实现可能性分析； ⑧ 是否具有关键技术解决办法及关键元器件、特殊材料货源情况分析； ⑨ 是否具有产品性能、寿命与成本方面的分析比较； ⑩ 是否提出产品包装和装箱技术要求； ⑪ 是否具有产品设计、试验、试制周期的估算； ⑫ 是否具有产品既满足用户要求，又适应本企业发展要求的叙述； ⑬ 所设计的产品规格、基本参数、性能指标、寿命及可靠性是否符合有关产品标准及合同的规定
研究试验	必要时，编制研究试验大纲，进行新材料、新结构、新原理试验。提出研究试验报告	总图（草图）	① 产品轮廓组成部分的安装位置是否明确； ② 产品的基本特性类别，主要参数及型号、规格等是否符合相关标准的规定； ③ 是否具有产品的外形尺寸（无外形图时）、安装尺寸（无安装图时）及技术要求； ④ 是否具有机械运动部件的极限位置； ⑤ 是否具有操作机构的显示装置等
初步设计和开发评审	对初步设计进行评审并予记录	简图（草图）	① 系统图：是否清楚表达了整机或不足件基本组成部分的主要特征和功能关系，是否表达了信息与过程流向； ② 原理图：是否表达了输入与输出间的关系，并清楚地表明产品动作及工作程序等功能，元件可动部分是否按正常位置绘制； ③ 接线图：视图上采用的各种元器件型号、代号、规格是否符合有关标准规定
研究试验	必要时，进行主要零部件结构、材料、关键工艺试验。提出技术文件的研究试验报告	研究试验报告	研究试验报告的基本内容是否符合JB/T 5054.5—2000《产品图样及设计文件完整性》中5.12条规定
设计计算	根据需要，进行设计计算（如零部件的结构强度、应力、电磁等），并编写计算书	设计计算书	① 是否具有采用的计算方法、公式来源和符号说明； ② 是否具有计算过程和结果
技术经济分析	必要时，进行技术经济分析，并编写技术经济分析报告	技术经济分析报告	① 是否确定对产品性能、质量及成本费用有重大影响的主要零、部件； ② 是否具有同类型产品相应零、部件的技术经济分析比较； ③ 是否具有运用价值工程等方法，从成本与功能的相互联系，分析产品主要零部件结构、性能、精度、材料等项目，论证达到技术上先进和经济上合理的结构方案； ④ 是否具有预期达到的经济效果

续表

产品设计开发（设计阶段）			产品设计开发标准化审查工作
修正总体方案 主要零部件设计 提出特殊外购件和特殊材料 技术设计和开发评审 全部零部件设计及编制设计文件 图样及设计文件审批 工艺规程及工装设计	修正并绘制总图、简图，提出技术设计说明书 ① 绘制主要零部件草图； ② 必要时，进行早期故障分析，并编写早期故障分析报告 编制特殊外购件清单和特殊材料清单 对技术设计进行评审并予记录 ① 提出全部产品工作图样、包装图样及设计文件； ② 进行产品质量特性重要分级； ③ 进行早期故障分析并采取措施，编写早期故障分析报告 按规定程序对图样及设计文件进行会签、审批；必要时，进行工作图设计和开发评审并予记录 ① 工艺规程设计，编制工艺文件； ② 必要的工装设计	技术设计说明书	技术（设计）任务书中基本参数、性能指标、结构、原理等变更后是否符合有关标准规定
		主要零部件（草图）包括：总装配图草图、主要装备图草图、主要零件图草图	是否符合本表"工作图设计"阶段中零件图、装配图、总装配图的规定
		零件图	① 是否有标准件、通用件可代替； ② 选用的材料品种、牌号、规格是否符合标准规定，填写是否正确、完整； ③ 是否具有确定零件形状和结构的全部尺寸； ④ 选用的形位公差、尺寸公差、表面粗糙度、表面处理、热处理是否符合有关标准规定； ⑤ 有配合要求的零件表面粗糙度、尺寸公差、形位公差是否互相适应
		装配图	① 是否具有主要安装配合尺寸和配合代号； ② 是否具有装配时需要加工的尺寸、极限偏差、表面粗糙度，是否符合有关标准规定； ③ 是否具有产品或部件的外形尺寸、连接尺寸及技术要求等
		外形图	① 是否标注必要的外形、安装和连接尺寸； ② 是否标注出产品重心位置和尺寸
		安装图	① 产品及其组成部分的轮廓图形是否正确，并标明安装位置及尺寸； ② 是否具有安装技术要求； ③ 有特殊要求的吊运件，是否表明吊运要求； ④ 是否具有所有安装零部件、配套件的明细栏
		包装图	① 产品及附件的内、外包装（含防护、固定方法等）和包装箱图是否符合有关标准规定； ② 箱面标记是否符合有关标准规定及合同规定
		目录、明细表、汇总表	① 目录、明细表、汇总表是否按规定顺序及格式填写； ② 表中的标准件、外购件引用标准是否正确、有效； ③ 表中特殊外购件、特殊材料是否符合采购规范或标准
		使用说明书	① 封面是否有产品型号、名称、分册内容名称、使用说明书字样、国外、厂外、可设商标； ② 是否具有主要用途及适用范围； ③ 产品工作条件是否明确； ④ 是否具有产品系统说明，是否具有吊运和保管说明、安装与调试说明、维护与操作说明； ⑤ 是否具有常见故障及其排除方法说明； ⑥ 附件与易损件是否明确
		产品质量重要度分级表	产品重要度分级表是否符合质量管理的要求
		产品标准	产品标准的内容和编写是否符合GB/T 1.1和GB/T 1.2的规定

3. 试制阶段

试制阶段是经样机（品）试制和小批试制，通过型式试验和用户试用，验证产品图样、设计文件和工艺文件、工装图样的正确性，产品的适用性、可靠性，并完成产品鉴定或用户验收。

表3-6　产品设计和开发的标准化——试制阶段

产品设计开发（试制阶段）			产品设计开发标准化审查工作	
工作程序		工作内容	审查对象	审查内容
样机试制	工艺方案设计	编制样机试制工艺方案	工艺规程	① 文件格式和幅面是否符合标准规定； ② 文件中所用的术语、符号、代号和计量单位是否符合相应标准的规定，文字是否规范； ③ 所选用的标准工艺装备是否符合标准的规定； ④ 毛胚材料规格是否符合标准的规定； ⑤ 工艺尺寸、工序公差和表面粗糙度等是否符合标准的规定； ⑥ 工艺规程中的有关要求是否符合安全和环保标准的规定
	工艺定额设计	① 编制临时工时定额 ② 编制临时材料额定		
	生产准备	① 原材料准备；② 外购件、外协件准备；③ 工装设备；④ 设备准备		
	样机试制	加工、装配、调试、编写样机试制总结		
	型式试验	进行产品型式试验，并出具样机型式试验报告		
	用户试用	试用（有条件时），并出具试用报告		
	样机试制鉴定	全套的技术文件及图样，并按试制鉴定大纲进行样机试制鉴定，编制样机试制鉴定证书		
	设计改进、最终设计和开发评审并定型	① 按样机制度鉴定意见，研究并提出设计改进方案； ② 对设计改进方案及设计文件进行最终设计和（或）开发评审并予记录； ③ 修改产品技术文件、产品标准及图样并定型		
小批试制	工艺方案设计	① 编制试制工艺方案； ② 确定工序质量控制点	专用工艺装备图样	① 图样的幅面、格式是否符合有关标准的规定； ② 图样中所有的术语、符号、代号和计量单位是否符合相应标准的规定，文字是否规范； ③ 标题栏、明细栏的填写是否符合标准的规定； ④ 图样的绘制尺寸标注是否符合机械制图国家标准的规定； ⑤ 有关尺寸、尺寸公差、形位公差和表面粗糙度是否符合相应标准的规定； ⑥ 选用的零件结构要素是否符合有关标准的规定
	工艺规程、工艺定额及工装设计	① 工艺规程设计，编制工艺文件； ② 设计工装； ③ 编制材料额定； ④ 编制工时额定； ⑤ 编制工序质量控制点文件		
	产准备	① 原材料、外协件、外购件、检测工具、仪器、设备的准备； ② 工装制造； ③ 设置工序质量控制点		
	小批试制	① 验证工艺规程、工序能力及工装； ② 加工、装配、调试，编写样机试制总结报告； ③ 开展工序质量控制点活动		
	型式试验	进行产品型式试验，并出具型式试验报告		
	小批试制鉴定	提供全套鉴定文件		
	试销	① 试销服务； ② 收集用户意见； ③ 故障分析； ④ 编写产品质量信息反馈报告	最终设计和开发评审对象；设计改进的全部产品图样和设计文件	① 设计改进部分是否符合产品标准和其他相关标准、法规的规定； ② 产品标准化程度是否符合技术（设计）任务书中标准化综合要求的规定
	完善设计并存档	① 按小批试制鉴定意见和反馈的质量信息，修改产品图样及设计文件和企业标准；		
	企业产品标准备案、批准生产	② 全部产品图样及设计文件存档； ③ 完成产品企业标准的批准，必要时进行备案		

4. 定型投产阶段

定型投产阶段是正式投产的准备阶段，是在小批试制的基础上进行。其主要目的是进一步完善产品工艺文件，改进、完善并定型工艺装备，配置必要的生产和试验设备，确保达到正式生产的条件和具备持续稳定生产合格产品的批量生产能力。

表3-7 产品设计和开发的标准化——定型生产阶段

产品设计开发（定型生产阶段）		设计开发标准化审查工作
工作程序	工作内容	审查内容
工艺文件确定	① 工艺文件（如工艺方案、工艺规程等）改进并确定 ② 材料定额确定 ③ 工时额定确定 ④ 工序质量控制点的文件完善，并确定	① 确认定型投产的全部的产品图样及设计文件、工艺文件和工装图样的有效性； ② 完成产品标准报批、发布。必要时，进行产品标准备案； ③ 产品制造过程中的标准化服务，如：安全生产、工序管理、检测试验、运输包装等方面的标准实施与咨询服务； ④ 收集产品质量和涉及标准化方面的信息，并对这些信息进行加工整理以作为产品标准修订和完善的依据。信息的主要内容包括： ① 产品出厂验收时已达到标准要求，在用户实际使用过程中，是否满足用户要求； ② 产品标准中考核的项目，是否正是用户所关注的项目，其指标能否满足用户使用要求； ③ 有哪些考核项目应列入标准但未列入，有哪些项目不必列入标准但已列入。
工艺装备定型	刀具、夹具、模具、量具、检具、辅具、钳工工具、工位器具的必要改进并定型	
设备的配置与调试	主要生产设备的配置与调试	
检测仪器的配置与标定	产品主要检测仪器的配置与标定	
外协点的设备	主要外协点的选定与控制	

5. 持续改进阶段

持续改进阶段是指在产品生命周期内对产品、过程或体系的不断改进。

表3-8 产品设计和开发的标准化——持续改进阶段

产品设计开发（持续改进阶段）		设计开发标准化审查工作
改进设计	1）了解并掌握加工、装配、贮运中产品质量信息，及时处理和改进 2）收集用户对产品性能、质量等的意见和要求，了解市场占有情况，定期汇总、分析，及时改进和完善	1）确定产品质量信息标准化管理要求 ① 确定产品质量的信息源（包括企业内部的和外部的）； ② 确定产品质量的信息传递渠道（指信息的接受部门和处理部门）； ③ 确定产品质量信息的加工要求（包括对信息筛选、分类、排序、比较和计算等）； ④ 确定产品信息的记录及贮存的要求； 2）参与产品改进方案的评审和验证工作（必要时）； 3）确定产品改进的技术文件及图样的标准化要求并进行标准化审查； 4）确认产品改进的有关技术文件及图样的有效性； 5）参与产品改进的效果评价或验证

3.11.3 标准化设计的作用

产品创新设计的宗旨是设计出能满足客户个性化需求的具有新颖性、创造性和实用性的新产品，提高产品质量和生产效率，为企业带来良好的经济效益。标准化的宗旨在于对重复性事物和概念通过制定和实施标准，达到统一，以获得最佳秩序和社会效益。通过标准化基本方法和原理的有效应用，可增强企业竞争力，提高企业经济效益。可以看出两者宗旨一致，都是构成企业核心竞争力的重要因素。

1. 标准化是产品创新设计的基础

产品创新设计需要设计者的"灵感"和创造性思维，但也离不开企业已有经验和技术的积累，它是对已有科学技术成果的提升和升华。完全脱离已有领域知识和经验，凭空想象开发新产品是不现实的，而标准化过程正好是知识和经验的积累过程。一项标准的制定要经历众多环节，做大量工作。但最关键一环就是将该领域实践经验和科学成果加以总结和提炼，纳入标准，这就是积累。标准的实施过程也是知识和经验的普及化过程，在这个过程中又会有新经验和技术的再创新，随着标准的修订，这些经验和创新成果又被纳入标准，这就是技术的再积累。因此，标准化是产品创新设计的前提和基础。

2. 标准化为产品创新设计提供保障

产品创新设计过程具有高风险性，这种风险性包括创新的自然不确定性和社会不确定性。标准化通过提供约束和对确定性的预期，可以降低产品创新设计的不确定性程度；标准化通过规范行为缩小了创新行为的选择空间，制约了投机行为，降低了创新的内在风险和成本，提高了产品创新设计的效率。另外，标准化有利于产品创新成果的推广。

3.11.4　标准化对象的选择

产品标准是技术标准的核心，它规定了产品的主要性能参数、安全和环保等方面的要求。制定高水平的产品标准是企业占领市场的重要手段，产品标准的制定应重视所收集信息的适用性、内容的合理性和采标的先进性。用户需求的个性化要求使产品品种具有多样性。产品创新设计在满足客户个性化需求的同时，需考虑设计的标准化。通用化、系列化和模块化是产品创新设计标准化的具体体现。

产品创新设计标准化对象的选择，即选择基型产品（通用原型产品）或基型部件（通用原型部件）。许多同类产品虽然在结构和性能上存在差异，但也具有共性，用一种最能代表它们共性和优点的产品结构作为基型产品，将其结构典型化，尺寸和参数分档，继承已有产品功能、结构、精度和材料等方面的技术成果，从而使产品结构设计实现系列化、组合化和模块化。这样不仅可避免设计过程的重复劳动，而且可以极大地缩短产品创新设计周期。

3.11.5　产品设计标准化的原则

标准化工作是根据现有产品制定产品标准，并形成体系的过程。在新产品开发过程中贯彻标准化需把握以下原则。

1. 设计标准的系列化和通用化

（1）系列化通常指产品系列化，它是对同一类产品中的一组产品同时进行标准化的一种形式。系列化是使某一类产品系统的结构优化、功能最佳的标准化形式。

（2）通用化是指在互相独立的系统中，选择和确定具有功能互换性或尺寸互换性的子系统或功能单元的标准化形式。通用化是以互换性为前提，目的是最大限度地扩大同一产品的使用范围，从而最大限度地减少产品在设计和制造过程中的重复劳动。通用化的实施应从产品开发设计时开始，这是通用化的一个重要指导思想。

系列化和通用化原则融入新产品标准制定工作中，能够增加产品的通用性，简化产品的制造工艺，提高产品创新设计的成功率，降低产品创新设计的风险，从而增强产品的竞争能力。

2. 技术文件的完整性和统一性

为了能按设计方案加工所需的产品，必须对产品创新设计技术文件进行完整性和统一性审查。

产品图样和技术文件完整性审查主要依据产品图样及设计文件完整性，审查图样及其文件的配套性，看图样和文件是否齐全，能否满足指导产品生产的需要。

产品图样和技术文件统一性审查，要审查产品图样与技术文件之间、技术文件与技术文件之间是否一致。具体要进行如下方面的审查：同种图样之间的图样代号、材料标记和零件名称是否一致，零件图的公差配合与装配图的技术要求是否协调一致；更改后的图样是否与技术要求相一致；文件中的名称、代号和计量单位等是否相互一致。

3. 过程标准化的实施

在产品创新设计过程中，首先要做好市场调研，进行可行性分析，尽可能收集有关待开发新产品的国家法律、法规以及国内外有关先进技术标准。对新产品的性能、技术要求以及检验方法等进行充分研究，使开发的新产品性能尽可能高于国家和行业标准的规定，特别是必须符合安全和环保等方面标准要求。

同时，在市场调研过程中，还应了解市场需求信息和用户的要求，以便在制定企业标准时既能照顾到用户需求，又能考虑企业的生产能力和技术水平。这样，新产品的推出才能得到市场的认可。高技术水平的企业标准在新产品试制和生产中能推动企业技术创新，提高企业生产水平。

第 4 章

产品改良设计程序

产品改良设计是对原有传统产品进行优化、充实和改进的再开发设计，所以产品改良设计就应从考察、分析与认识现有产品的基础平台为出发原点，对产品的"缺点""优点"进行客观的、全面的分析判断，对产品过去、现在与将来的使用环境和使用条件进行区别分析。

4.1　产品改良设计的准备

4.1.1　产品改良设计的目的和意义

市场上经常会有林林总总的新产品投放市场，这其中真正的原创性新产品却少之又少，绝大多数产品都是老产品进行改良后作为升级换代产品再次投放到市场当中。对企业而言，这是一条投入少、见效快、风险小的途径。现实中，人们对使用功能的需求呈现多样化，其相应的产品几乎应有尽有，只有在科技发生革命性的突破后，人们的生活方式和生活形态才会发生变化，才会有新的产品诞生。

任何企业制造产品的目的只有一个，就是让其成为商品并在使用者手中实现它的使用功能，从而使企业获得利润。受市场欢迎的产品在经历一段时间后也会慢慢被市场淘汰，想要延长产品的生命周期，必须对产品进行再开发，使产品在安全性、易用性、美观性、环保性等方面得到提升，并降低成本，提高产品价值。这是商品化过程中普遍存在的渐进性设计工作，是提高企业市场竞争力的有效手段。

人们平常在餐厅吃饭，外衣脱下来总是要披在椅子的靠背上，好一点的餐厅，在靠背上有椅套，放在上面比较安全，但有些就没有，外衣脱下来放在外面很不安全。图4-1所示的座椅在其靠背处做了一个夹层，里面安装有一个衣架，可以把外衣挂在上面，然后收入座椅靠背的夹层中。这样既安全，又方便。在座椅下面还设计有一个专门放包的地方。如果愿意，还可以把包放在下面。

图4-2所示的翻转椅，可以翻转使用，从而带来功能上的演变，使用起来更加灵活。

图4-1 餐厅挂衣座椅

图4-2 功能演变的翻转椅

4.1.2 产品改良设计应具备的条件

需要进行改良的产品，一般是在市场上已经销售了很长时间，在销售中，销售人员、使用者对产品销售、使用中出现的问题不断积累，认为有必要对产品进行改良；或者对市场上较受欢迎的产品进行改良，实现相同功能的同时进行某些性能上的改进，以取得更好的感观效果。

产品改良设计是建立在产品功能、市场已经非常成熟的产品之上，市场和消费者已经接受了产品的使用功能，没有太大的风险在其中。在原有的产品技术和工艺的基础上进行产品改良和改进不需要投入太多资金去研发新技术，也可以将其他成熟技术应用到改良设计中。改良后的产品可以借助原有的产品销售通道进行流通，不会增加企业销售投入。

图4-3所示的儿童床椅，设计师对其进行了改良，将座椅和婴儿床进行功能上的结合，方便了婴儿母亲的日常行动。

图4-3 儿童床椅

4.1.3 产品改良设计的基本思路

通过对产品使用功能、价值工程因素、人机工程学、形态和色彩等的改良，可以实现产品的改良设计。在现实的产品改良设计中，最为常见的就是对产品形态的改良，因为产品形态是最直接和消费者交流的产品语言。

产品需要改良的情况，大致有两种：一种是产品功能、机构等发生变化，从而影响产品形态；另一种是产品销售到一定时期，逐渐失去竞争力，此时，如果产品使用功能没有被淘汰，在保持产品原有功能前提下对形态进行改良和创新，使之以崭新的面貌出现在消费者面前，将再次赢得市场竞争力。

4.2　产品改良设计的程序和方法

产品改良是使企业向市场提供的产品或服务从质上或量上能满足消费者的需求和欲望。任何产品都是有一定寿命的，如果不加以改进，就无法在市场上确保优先的地位。在现代商品化社会，商品生命周期容易缩短，因此为了企业稳定增长，就必须优化配置产品结构，使企业产品始终能适应目标市场的需求。

4.2.1　市场调研

产品源于社会需求，受市场要素制约，因此，产品竞争力的关键是产品能否给消费者带来使用的便利和精神上的满足。市场调研在产品设计流程中是很重要的一步，设计产品所有的出发点和思维重点都是根据调查分析的资料和结果决定的。通过市场信息的大量收集和分析，有助于设计师加深对问题的认识，使之能够完整的定义问题。

设计是一项有计划有目的的活动，企业生产的产品不是毫无根据地凭着设计师的想像设计出来。设计师必须通过对市场多方位、多角度的调研和分析才能准确把握消费者的需求。图4-4所示为掌上吸尘器，其设计构思非常小巧方便。

图4-4　掌上吸尘器

1. 市场调研的主要步骤

市场调研大致来说可分为准备、实施和结果处理三个阶段。

（1）准备阶段：它一般分为界定调研问题、设计调研方案、设计调研问卷或设计调研提纲三个部分。

（2）实施阶段：根据调研要求，采用多种形式，由调研人员广泛地收集与调查活动有关的信息。

（3）结果处理阶段：将收集的信息进行汇总、归纳、整理和分析，并将调研结果以书面的形式——调研报告表述出来。

2. 市场调研的主要内容

（1）市场环境调研。调查影响企业营销的市场宏观因素，了解企业生存环境的状态，找出与企业发展密切相关的环境因素。对企业来说，多为不可控因素，如企业所在地理位置、企业周边经济环境如何、国家相关经济政策等。

（2）产品情况调研。现有产品的情况，包括现有产品的规格特点、使用方式、人机关系、品牌定位、内在质量、外在质量等方面。

（3）主要竞争者情况。市场竞争可以推动企业的快速发展，竞争者情况调查需要了解市场中主要竞争对手的数量和规模，潜在的竞争对手情况，竞争对手的设计策略和设计方向，同类产品的技术性能、销售、价格、市场分布等。

（4）市场需求调研。不同的消费者有不同的需求，通过调查消费者对现有产品的满意程度及信任程度、消费者的购买能力、购买动机、使用习惯等进行定量分析，有利于准确选择目标市场。

（5）市场行情调研。了解国内国际地区市场的行情，分析市场行情的变化，预测市场走势，研究这些变化对设计的影响。

图4-5所示的助力插头，即在插头上增加了一个助力压片，从正面来看，就像是给插头小人增加了一片片卡通刘海，而在需要从插座拔出插头时，按压这个助力片，就会在拔起插头的同时下压从而顶起插头，更加省力。

图4-5　助力插头

3．调研方法

产品设计调研方法有很多，比较常见的是访问的方法，包括面谈、电话调查、邮寄调查等，还可以通过观察法、实验法、数据资料分析法等进行相关调研。

图4-6所示的可拆分的笔记本电脑，其显示屏、键盘、鼠标、电子笔等部件都可以单独使用。通过巧妙拆分和组装，很适合用户在不同场合使用电脑。

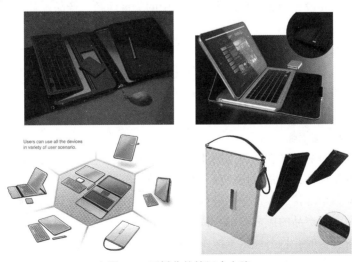

图4-6　可拆分的笔记本电脑

4.2.2　资料收集和分析

1. 资料收集的原则

（1）目的性：收集资料前必须事先明确目的，可以做到有的放矢。

（2）完整性：收集的材料完整能避免分析的片面性。

（3）准确性：这与设计工作的成败息息相关。

（4）适时性：在需要时能够及时提供相关情报。

（5）计划性：通过编制计划，明确目的和内容，提高工作质量。

（6）条理性：要做到去伪存真，整理成册。

遵循以上原则收集市场需求、销售情况、科技情况、生产、费用、方针政策等内容。

2. 资料分析

在掌握大量信息资料的基础上，对收集的资料进行分类、整理和归纳。针对收集的材料应进行以下分析：

（1）同类产品分析：包括功能、结构、材料、形态、色彩、价格、销售、技术、市场等。

（2）产品分析：包括功能、结构、材料、形态、色彩、价格、加工工艺、技术、市场等。

（3）使用者分析：包括使用者的生理和心理需求、生活方式、消费习惯等。

（4）产品使用环境分析：包括使用地点、时间及其他因素。

（5）影响产品的其他因素分析。

这个阶段的工作应尽量运用各种定量和定性的分析手段对收集信息进行分析。

4.2.3　产品设计的定位

设计定位是在产品设计过程中，运用商业化思维，分析市场需求，为新的设计方式和方法设定一个恰当的方向，以使产品在未来市场上具有强大的竞争力。这也是设计师在开始正式设计之前提出问题和分析问题的一个过程。设计定位的正确与否直接关系到设计的最终成败。在产品设计开始之前，如果没有明确的设计定位，设计师的思路就会任意发挥，从而会失去产品设计的方向和目标，使设计师无法解决产品设计中的关键问题。产品设计定位要在市场调研和分析的基础上进行。

1. 产品改良设计定位的含义

产品改良设计是对原有传统的产品进行优化、充实和改进的再开发设计，应该从考察、分析与认识现有产品的基础平台为出发原点，对产品的"缺点"和"优点"进行客观的、全面的分析判断。

2. 产品改良设计定位的方法

为了使"对产品过去、现在与将来的使用环境和使用条件进行区别分析。"这一分析判断过程更具有清晰的条理性，通常采用一种"产品部位部件功能效果分析"设计方法。先将产品整体分解，然后对各个部位或零件分别进行测绘分析。在局部分析认识的基础上再进行整体的系统分析。由于每一个产品的形成，都与特定的时间、环境以及使用者和使用方式等条件因素有关，因此做系统分析时要将上述因素加入一并考虑。设计者应力图从中找出现有产品的"缺点"和"优点"，以及它们存在的合理性与不合理性、偶然性与必然性。在完成上述工作过程后，人们对现有产品局部零件、整体功能还有使用环境等因素，便会具有系统全面的认识，下一步的产品改良设计只要注意扬长避短、创新发展，将前期研究分析的成果引用到下一步的新产品设计开发中去即可。

3. 产品改良设计定位的内容

设计定位的最终目的是确定一个合适的产品设计方向，也可以作为检验设计是否成功的标准。设计师在设计中常用的设计定位有：

（1）人群定位。在产品改良开发设计中，产品使用的目标人群确定是一个首要问题。这个产品为谁而设计？给谁使用？性别、年龄、收入等问题是设计者在产品改良设计的原点，是首先必须思考的问题。找对目标消费群对于确定产品的使用功能来说至关重要，一切的销售行为都是针对目标消费群的，一旦目标消费群出现错位，就会导致"对牛弹琴"的局面，后果不堪设想。

（2）价格定位。价格在产品流通环节起着重要的作用，产品的价格除了产品的基本开发、生产及销售成本之外，还受到社会经济整体状况及人均消费水平的影响。另外产品的品牌、技术等附加价值具有价值规律的特殊性，可使其形成特定的价格定位。因此，产品的定位不能单纯的划分为低档、中档、高档，而要做好充分的调研，通盘考虑。

（3）功能定位。所谓功能定位就是凭借其产品功能，抢占消费者大脑里的某个认知区域，让其在需要某种"功能"的时候第一个想到该产品。无论何种产品，都必须进行功能诉求，也就是各种形式的广告宣传和市场开发。其目的是明确地告诉消费者该款产品能干什么？在人们的生活中该款产品能起到什么作用？

产品使用功能定位往往不是一个笼统的概念，而是要满足消费市场一个比较具体化的需要。比如消费者购买鞋子时对产品使用功能定位，要根据具体人的需求情况，在诸如时尚、保暖、轻便、牢固以及是否具有防水、防碰等安全功能上进行斟酌。不同消费者对上述使用功能消费有着不同的侧重，从而形成不同的消费利益群体。产品功能定位就是要针对各种特殊的不同利益群体，最大限度的满足市场各类顾客利益的需要，从而赢得最大的市场销售份额。一个新产品的准确的功能定位，不仅能迅速打开市场的大门，也能以其鲜明的使用功能定位个性，迅速树立自己的品牌并占领可观的市场份额。

（4）质量定位。由于"产品"包含的种类众多，有许多产品没有长期使用的要求，仅仅是"一次性产品"，因而关于产品的"质量"的"度"的把握，就显得复杂多变。一些"一次性产品"只需要在正常的使用过程中满足要求即可，没有必要在质量问题中过于纠缠，一味追求过高的质量，可能成为一种人力、物力资源的浪费。

生活在这个压力越来越大的社会中，大多数人都患有轻微的强迫症，其症状之一便是出门之后经常反复询问自己是否已经将燃气、电源等关好。其实，生活可以更加轻松，2011红点设计概念获奖作品"关闭燃气和电源的门把手"就是一款方便人们管理电器、燃气的设计。它能够与家中的电源、燃气等相连，不仅可以显示这些设备的"开启"或"关闭"状态，也方便用户轻松控制它们：只需选择"单一设备"或"全部设备"等选项，按动把手侧面的按钮，便可以将设备关闭，如图4-7所示。

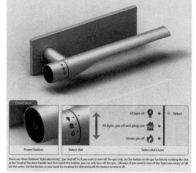

图4-7　关闭燃气和电源的门把手

4.2.4　优化组合与再设计

设计要达到质的转变，必须要有量的积累。在构思阶段，设计师会生成很多较为具体的视觉表达，随着绘制和草模型（见4.2.7部分介绍）的增多和积累，设计师对目标的理解也会越来越深入。设计展开需要将构思方案转化为具体形象。通过对初步方案的确立，分析得出解决具体问题的结果。这需要多方共同参与，以用户为中心对问题加以解决和化解。诞生的设计方案需要经过筛选和反复评估，选出几个有价值的进行分析和论证，确保方案有足够的实现性和合理性。可以通过对产品使用功能、产品价值工程因素、产品人机工学、产品形态与色彩等的改良实现产品的优化组合和再设计。

例如，可以通过对产品形体的附加性设计、产品形体的简化性设计、产品形体的比例改变、产品形体的改变性设计等实现产品形体上的改变。通过对产品的色彩更新和产品形体的缩小实现产品的色彩更新与尺度改变。通过对废旧材料的再利用、因材适用，环保材料的应用与设计等实现产品材料的改善。通过对操控装置的使用缺陷进行改进，提高操作功效并实现操控部分的改动。通过设计在任何状态下都能使用的产品，隐藏在产品中可能导致危险的因素，改进产品结构等实现性能的改进，使产品更好用与耐用。通过实现产品使用功能的改造，从单一功能到多功能的进化，实现产品功能的改造。

以产品的功能要素为例，产品改良的优化组合和再设计需要以下几个步骤：

1．功能定义

对产品及构成要素的特定用途作概括的描述，目的在于明确功能的本质，确定功能的内容。

2．功能整理

功能整理的目的在于将产品从实物状态转为功能状态，同时为分析实现功能的现实成本是否合理以及创新设计提供条件。

3．功能成本分析

根据功能整理得出的功能系统图，调查并记录产品及部件的现实成本在功能领域的分布。

4．功能评价

评价比较出功能不足或成本过高的功能领域，明确改良设计方向。

图4-8所示为具备自动搅拌功能的马克杯，无需搅拌棒。倒进热水和咖啡粉末，轻轻摁住杯柄上的黄色按钮，即可实现搅拌。该产品由2节7号电池提供电力。

图4-8　自动搅拌的马克杯

4.2.5 方案评价与优化

评价是从问题定义的观点出发批判和研究、解答每一个问题，尽可能地加以组合比较，同时探讨各种方案的可行性。对产品技术性能的测试和试验分析是必不可少的，主要包括系统模拟试验、主要零部件功能试验及环境适应性、可靠性与使用寿命的试验测试，还有振动、噪声等试验测试。

图4-9所示为来自日本设计师大木陽平的创意——小鸟开信刀（Birdie Paper Knife）。这小鸟是种危险又漂亮的存在，它们的尾羽修长而扁平，能优雅地趴在办公桌上，成为别致的点缀，但需要时，它又能帮助主人拆开信封，那犀利的羽毛不容任何人忽视。

图4-9　小鸟开信刀

1．评价与优化的要素

设计评价贯穿于设计全过程，动态的存在于设计各个阶段，这也是现代企业追求的"过程改良"的关键环节。只有通过了严格的评价达到各方面要求，才能降低批量生产成本投入的风险，让企业通过设计获得效益。不同的设计项目有不同的评价标准，一般好的设计应符合以下条件：实用性好、安全性能好、较长的使用寿命和适应性、符合人机工程学、技术和形式具有独创性、环境适应性好、使用的语义性能好、符合可持续发展要求、造型质量高。产品方案评价与优化如表4-1所示。

表4-1　产品方案评价与优化

产品方案评价与优化	
要素	具体要求
创新性	完美的产品设计必须让用户认为是"有用的、好用的和希望拥有的"技术和造型特征。设计、技术的独创性。
材料要求	适宜的材料，低污染性、可再利用性，有益于使用者。
功能要求	启发智慧和感性性能吸引使用者，刺激好奇心，有趣味性，能提高娱乐效果和创造力，产生与人的共鸣。
使用方式	安全，符合使用目的的舒适性、完美性和实用性。操作便捷，符合人机工程学。
生产工艺	适当生产，节能性、生产效率高、成本低。注重生产过程适宜性。
外观造型	造型有创意。有足够的吸引力，能满足心理及情感需求。
产品寿命	有良好的品质。耐久性、有效性。
社会评价	具有明确的社会影响力。能够传达企业文化形象。价格合理，协调环境。

2．评价与优化的步骤

评价其实就是用一个标准去度量事务，人们需要制定标准，有了共同的标准才能进行裁判。标准没有好坏对错，关键在于对所有的设计师都应是公平的。产品设计中遇到的问题都是复杂、多解的问题，通常解决问题的步骤是"分析—综合—评价—决策"。具体可以从以下几方面开展评价与优化工作：

（1）较优化的评价体系和方案初审。传统的设计方法追求最优化目标，在解决问题时，多中择优，采用时间、空间、程序、主体、客体等方面的最佳峰值，运用线性规则达到整体优化的目的。现在由于制约因素的多样性和动态性，在选择与评价设计结果时，无法确定最优化的标准。在设计过程中，由于任何方案结论的演化过程都是相对短暂的，都不是走向全局"最优"状态的，因而真实的产品进化过程不存在终极的目的，面对客观环境的适应性而言，总是局部的、暂时的。这就为当前工业设计评价目标提出了相对和暂时的原则，这种界定只能在有限的范围内，做到设计合理化。这种设计观丰富和发展了传统的系统科学方法中的优化原则，为设计实践确立了科学的评价体系和标准。通过评价体系的建立，设计方案的初审就相对简单了，只需要对基本要素进行考察即可。

图4-10所示为手机不同的设计方案图，通过对比不同设计方案，对设计效果进行初审。

（2）带比例尺度的设计草图（图4-11）。在经过对众多草图方案及方案变体的初步评价和筛选之后，选出几个可行性强的方案在限制条件下进行深化，设计师必须严谨理性地综合考虑各种制约因素，包括比例尺度、功能要求、结构限制、材料选用、工艺条件等。因此，带比例尺度的设计草图具有较强的优势。通过对草图的推敲，使初期方案得以延展，通过平面效果图的绘制将设计不断提高和改进。这一过程可以锻炼设计师的思维想像能力，诱导设计师探求、发展、完善新的形态，获得新的构思。设计师可以应用马克笔、彩色铅笔等工具用手绘或清晰表达产品设计的外观形态、内部构造、加工工艺材料等主要信息。另外这种设计表现能有效传达设计预想的真实效果，为下一步实体研讨和计算机建模奠定有效的定量依据。

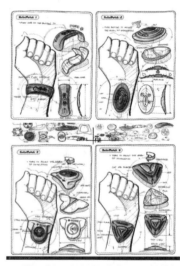

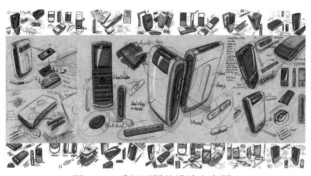

图4-10　手机不同的设计方案图　　　　图4-11　带比例尺度的设计草图（刘传凯绘）

（3）工作模型。当前计算机辅助设计导入产品设计的情况越来越多，有时为了缩短设计生产周期，设计师会忽视或跨过研讨模型这一过程。但是工作模型能够把二维构想转化为可以触摸和感知的三维立体形态，并在过程中进一步细化、完善方案，如图4-12所示的轮椅产品模型，便有利于研讨产品的工作状态。

现在虚拟技术下模拟的数字化模型可以对产品进行任意修改和旋转。但设计师却发现在细节、质感等因素上难以得心应手地加以控制。工作模型是目的性较强的分析模型，是设计深化不可或缺的手段。设计师可以根据设计中某些具体问题进行工作模型的制作研讨，可以为形态、色彩的变化，改良的功能组件分布等制作模型。鉴于这些要求，工作模型在选材制作上应快速有效。总之，工作模型是深入设计的必然产物和有效手段，也是设计评估中不可缺少的方法。

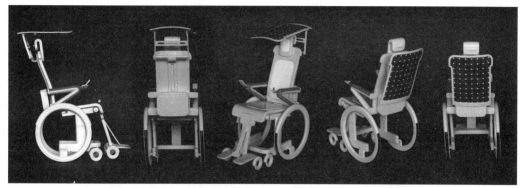

图4-12 轮椅产品模型（杨凯设计，刘元法、杨梅、王俊涛指导）

（山东省大学生机电产品设计大赛，一等奖）

（4）计算机辅助参数化建模。设计师在产品设计过程中会遇到诸多问题：首先，产品设计的概念表达方面，无论是手工绘制还是借助计算机辅助设计等实现的草图、三视图及效果图都很难全方位准确描述产品的造型信息。其次，在设计概念的评价方面，产品效果图和手工制作的模型难以达到对设计方案的反复修改，且修改过程中会消耗大量人力、物力、时间，并且缺乏准确性。最后，设计概念在生产制造过程中，设计师需花费大量精力向工程技术人员说明设计概念，结构工程师面对没有参数的造型表现图无法准确理解设计师的意图。图4-13所示为计算机辅助设计效果图表现效果。

图4-13 计算机辅助设计效果图表现效果

（张文彬制作，王俊涛指导）

现代工业体系中的产品设计是交互并行的。由于计算机辅助设计和辅助制造的软件界面及功能的智能化，设计生产中的并行工程、模块关联互动的特性可以成倍缩短设计生产的周期，从而导致设计人员工作方法的变化。设计师可以从更直观的三维实体入手，而图纸绘制、装配检验、性能测试等繁重的重复性的工作由计算机代为完成。例如，波音777产品的开发过程就是完全借助计算机进行设计，整个设计阶段没有一张图纸，体现了对传统反叛的设计理念。现在设计师凭借感性设计手段将最初的想法绘制成平面效果图，智能化的软件能在三维空间内追踪其效果图的特征曲线，完成三维实体建模及工程图纸的绘制。设计师在任何一个环节进行修改，相关模块的参数也随之修正。在这样的生产环境中，设计师和工程师不必详细了解整个系统，需要时借助计算机，从数据库中调出相应数据，这样设计师和工程人员可以把精力投入到前期的创造性工作中去。

（5）效果图渲染及报告书整理。设计基本定型后，设计人员需要将成果交由决策人员进行评价。由于审查人员大多不是专业设计人士，需要通过渲染绘制逼真的设计效果图来进行最终展示。一般可以借助强大的计算机软件进行渲染，也可以借助多媒体动画技术全方位逼真地展示。设计分析过程的调查分析和结果也应准确展示，以为方案提供有力论证和支持，并需要整理完整的设计报告书。图4-14所示为借助计算机三维软件和二维软件设计的背包和轮滑鞋产品效果图展板，其清晰地展示了产品的形象和特点。

图4-14　背包和轮滑鞋产品效果图展板

（6）综合评价。最终的方案评审会集中各方面的人员，包括企业决策人员、销售人员、生产技术人员、消费者代表、供应商代表等，从不同的角度审查和评价设计方案。综合评价的目的是将不同的人、不同的视角、不同的要求进行汇编，通过定量和定性分析，对设计加以影响，降低生产投入的风险。

（7）方案确立。经过反复讨论和修改，确立最终的设计方案。这个过程有时需要反复多次才能得到较为理性的效果。

4.2.6　计算机辅助设计与制造

在产品设计的设想、分析、构思传达阶段可以采用计算机辅助设计（Computer Aided Design，CAD），从传达到生产阶段可以采用计算机辅助制造（Computer Aided Manufacturing，CAM）。

1. 计算机辅助设计（CAD）

CAD系统已在现代化的工业产品设计中获得普遍应用，产生了革命性的影响。CAD可以简化设计过程，提高工作效率。设计人员可以从计算机的数据库中调阅大量技术资料，包括各种图形资料在屏幕上进行鉴别，选择出有用的部分，然后再利用操纵系统拼装组合到新产品的设计中。CAD系统还能将设计方案转变成为直观立体图。目前，CAD的应用领域涉及家电、汽车、医学、电子、国防武器、宇航等方面。

（1）CAD含义。CAD是利用计算机及其图形设备帮助设计人员进行设计工作。在产品设计中，计算机可以帮助设计人员担负计算、信息存储和制图等多项工作。在设计中通常要用计算机对不同方案进行大量的计算、分析和比较，以决定最优方案；各种设计信息，不论是数字的、文字的或图形的，都能存放在计算机的内存或外存里，并能快速地检索；设计人员通常用草图开始设计，将草图变为工作图的繁重工作可以交给计算机完成；利用计算机可以进行图形的编辑、放大、缩小、平移和旋转等有关的图形数据加工工作。

（2）CAD基本技术。CAD基本技术主要包括：交互技术、图形变换技术、曲面造型和实体造型技术等。

在计算机辅助设计中，交互技术是必不可少的。交互式CAD系统是指用户在使用计算机系统进行设计时，人和机器可以及时地交换信息。采用交互式CAD系统，人们可以边构思、边打样、边修改，随时可从图形终端屏幕上看到每一步操作的显示结果，非常直观。

图形变换的主要功能是把用户坐标系和图形输出设备的坐标系联系起来；对图形作平移、旋转、缩放、透视变换；通过矩阵运算来实现图形变换。

曲面造型是指在产品设计中对于曲面形状产品外观的一种建模方法，曲面造型方法使用三维CAD软件的曲面指令功能构建产品的外观形状曲面，并得到实体化模型。

实体造型技术是指描述几何模型的形状和属性的信息并存于计算机内，由计算机生成具有真实感的可视的三维图形的技术。实体造型技术是计算机视觉、计算机动画、计算机虚拟现实等领域中建立3D实体模型的关键技术。图4-15所示为计算机辅助设计效果图的真实表现效果。

图4-15　计算机辅助设计效果图
（连宁制作，王俊涛指导）

（3）CAD的特点。CAD的特点主要有以下几个方面：简化设计用的材料和设备；设计变更和修正速度快；设计表现品质固定；容易管理；设计展示表达容易。

（4）CAD设计的软件。有Unigraphics（UG）、Pro/ENGINEER、Cimatron等CAD/CAM软件，Imageware-SURFACER逆向工程软件，Rhino Maya、Alias、Softimage 3D、3DMAX等三维建模、渲染及动画软件。

（5）CAD的功能，如表4-2所示。

表4-2　CAD的功能表

功　能	具　体　内　容
构建3D模型	以点、线、面或参数建立起来完整的实体模型，计算机可以忠实记录每一次资料的位置、长度、面积、角度等，经过自动运算交换坐标系统，就可以轻易地平移、转动、分解、结合。还可以通过透视点、透视角度的改变观察产品各个角度透视图。画面上可以安排四个视图以便随时根据自己的需要而变化。
分析	3D模型建立完整后，配合各种分析功能模块，可以进行不同的分析。如物理特性、体积、容积、色彩和造型研究等。
设计资料的转化和传输	计算机辅助设计最大的特点在于资料转化的准确和迅速，如果使用CAD-CAM系统，CAD可以提供全自动尺寸标注和说明，可以用3D模型直接加工制造成品。
档案管理	设计分析工作完成后，将文件归档存储，逐步建立完整的设计资料库以供日后设计参考和应用。在精密复杂的设计中，这一点尤为重要，它可以将建档的所有零件随时调出组配，检视产品零件的构架是否正确。

2. 计算机辅助制造（CAM）

（1）CAM含义。CAM是指在机械制造业中，利用电子数字计算机通过各种数值控制机床和设备，自动完成离散产品的加工、装配、检测和包装等制造过程。

除CAM的狭义定义外，国际计算机辅助制造组织关于计算机辅助制造有一个广义的定义："通过直接的或间接的计算机与企业的物质资源或人力资源的联接界面，把计算机技术有效地应用于企业的管理、控制和加工操作。"

按照这一定义，CAM包括企业生产信息管理、计算机辅助设计和计算机辅助生产、制造三部分。计算机辅助生产、制造又包括连续生产过程控制和离散零件自动制造两种计算机控制方式。这种广义的CAM系统又称为整体制造系统（IMS）。采用计算机辅助制造零件、部件，可改善对产品设计和品种多变的适应能力，提高加工速度和生产自动化水平，缩短加工准备时间，降低生产成本，提高产品质量和批量生产的劳动生产率。完成产品设计后将模拟数据转化为加工中心可接受的语言来进行加工作业，进入快速加工成型系统，通过纸材、聚碳酸酯、尼龙、金属等材料做出样机。通过快速加工成型系统可以缩短设计周期，减少设计不到位或错误导致的模具修改，降低模具制造成本，使产品更早投入市场。产品制造过程如图4-16所示，主要包括7个步骤：综合生产计划、产品设计、工艺过程计划、生产进度计划、作业计划、生产实施和生产控制。

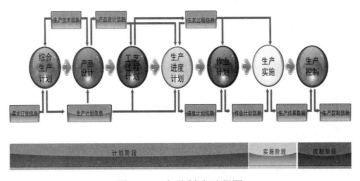

图4-16　产品制造过程图

（2）CAM内容。CAM系统的组成可以分为硬件和软件两方面：硬件方面有数控机床、加工中心、输送装置、装卸装置、存储装置、检测装置、计算机等，软件方面有数据库、计算机辅助工艺过程设计、计算机辅助数控程序编制、计算机辅助工装设计、计算机辅助作业计划编制与调度、计算机辅助质量控制等。

（3）CAM功能。CAM的核心是计算机数值控制（简称"数控"），是将计算机应用于制造生产过程的过程或系统。CAM系统一般具有"数据转换"和"过程自动化"两方面的功能。

CAM所涉及的范围包括计算机数控和计算机辅助过程设计。CAM系统是通过计算机分级结构控制和管理制造过程的多方面工作，其目标是开发一个集成的信息网络来监测一个广阔的相互关联的制造作业范围，并根据一个总体的管理策略控制每项作业。

从自动化的角度看，数控机床加工是一个工序自动化的加工过程，部分或全部零件在加工中心实现机械加工过程自动化，柔性制造系统是完成一族零件或不同族零件的自动化加工过程，计算机辅助制造就是完成这一过程的总称。大规模的计算机辅助制造系统是一个由若干计算机分级结构形成的网络，它由两级或三级计算机组成，中央计算机控制全局，提供经过处理的信息，主计算机管理某一方面的工作，并对下属计算机工作站或微型计算机发布指令和进行监控，计算机工作站或微型计算机承担单一的工艺控制过程或管理工作。目前，计算机辅助加工多是指机械加工，而且主要是数控加工（Numerical Control）。现代制造技术的发展方向如表4-3所示。

表4-3 现代制造技术的发展方向

现代制造技术的发展方向	现代设计技术	设计方法学和创新设计
		生命周期设计和并行工程
		逆向工程设计
		绿色产品设计
		微型产品设计
	现代成型和改进技术	现代成型和改进技术
		材料成型过程仿真
		质量监控与无损检测
		清洁成型与改进技术
	现代加工技术	高速与超高速加工
		精密工程与纳米技术
		特种加工技术
		数控加工技术
		自动化加工技术
	制造系统和管理技术	柔性制造技术
		集成制造技术
		虚拟制造技术
		智能制造技术
		先进制造技术
		工业工程

（4）计算机辅助工艺过程设计。计算机辅助工艺过程设计（computer aided process planning，CAPP）的开发、研制是从20世纪60年代末开始的，在制造自动化领域，CAPP的发展是最迟的部分。世界上最早研究CAPP的国家是挪威，始于1969年，并于1969年正式推出世界上第一个CAPP系统AUTOPROS；1973年正式推出商品化的AUTOPROS系统。在CAPP发展史上具有里程碑意义的是CAM-I于1976年推出的CAM-I'S Automated Process Planning系统。取其每个单词的第一个字母，称为CAPP系统。目前对CAPP这个缩写虽然还有不同的解释，但把CAPP称为计算机辅助工艺过程设计已经成为公认的释义。

CAPP的作用是利用计算机来进行零件加工工艺过程的制订，把毛坯加工成工程图纸上所要求的零件。CAPP是通过向计算机输入被加工零件的几何信息（形状、尺寸等）和工艺信息（材料、热处理、批量等），由计算机自动输出零件的工艺路线和工序内容等工艺文件的过程。

计算机辅助工艺过程设计也常被译为计算机辅助工艺规划。国际生产工程研究会（CIRP）提出了计算机辅助规划(CAP-computer aided planning)、计算机自动工艺过程设计(CAPP-computer automated process planning)等名称，CAPP一词强调了工艺过程自动设计。实际上国外常用的一些称谓，如制造规划(manufacturing planning)、材料处理(material processing)、工艺工程(process engineering)以及加工路线安排(machine routing)等在很大程度上都是指计算机辅助工艺过程设计。计算机辅助工艺规划属于工程分析与设计范畴，是重要的生产准备工作之一。

由于计算机集成制造系统（Computer Integrated Manufacturing System，CIMS）的出现，计算机辅助工艺过程设计（CAPP）上与计算机辅助设计（CAD）相接，与计算机辅助制造（CAM）相连，是连接设计与制造之间的桥梁，设计信息只能通过工艺设计才能生成制造信息，设计只能通过工艺设计才能与制造实现功能和信息的集成。由此可见CAPP在实现生产自动化中的重要地位。

4.2.7　逆向工程

在工程技术人员的概念中，产品设计过程是一个从无到有的过程，即设计人员首先在大脑中构思产品的外形、性能和大致的技术参数等，然后通过绘制图纸建立产品的三维数字化模型，最终将这个模型转入到制造流程中，完成产品的整个设计制造周期。这样的产品设计过程称为"正向设计"过程。

逆向工程产品设计可以认为是一个"从有到无"的过程。简单地说，逆向工程产品设计就是根据已经存在的产品模型，反向推出产品设计数据（包括设计图纸或数字模型）的过程。从这个意义上讲，逆向工程在工业设计中的应用已经很久。在早期的船舶工业中，常用的船体放样设计就是逆向工程的实例。随着计算机技术在制造领域的广泛应用，特别是数字化测量技术的迅猛发展，基于测量数据的产品造型技术成为逆向工程技术关注的主要对象。通过数字化测量设备（如坐标测量机、激光测量设备等）获取的物体表面的空间数据，需要利用逆向工程技术建立产品的三维模型，进而利用CAM系统完成产品的制造。因此，逆向工程技术可以认为是将产品样件转化为三维模型的相关数字化技术和几何建模技术的总称。逆向工程的实施过程是多领域、多学科的协同过程。逆向工程的整个实施过程包括了从测量数据采集、处理到常规CAD/CAM系统，最终与产品数据管理系统（PDM系统）融合的过程。工程的实施需要人员和技术的高度协同、融合。

如图4-17所示，逆向工程关键的第一步就是产品原形表面三维扫描的测量，如何精确快速的对产品进行三维数据的采集成为逆向工程当中最重要的工作部分。事先制造出木制或泥制模型，再利用三维测量技术采集数据，通过软件对数据进行处理，之后构建三维模型，利用快速成型技术进行加工、测量比对、模型修正工作，以确保最终的设计模型符合要求。采用逆向工程设计，可以在产品开模前检验装配关系，保证开模成功，从而降低产品开发风险与成本。

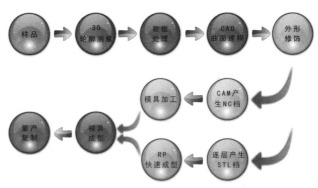

图4-17　逆向工程流程示意图

1. 逆向工程含义

逆向工程（reverse engineering）是根据已有的东西和结果，通过分析来推导出具体的实现方法。三维实物模型通过数据采集系统将实物模型转化为三维数据，在CAD系统中加以整合修改，再转由CAM系统进行产品制造或模具加工。逆向工程大多用于汽车、摩托车等曲线比较复杂，难以直接准确利用三维软件表达出设计意图的设计。

2. 逆向工程技术

逆向工程所应用的技术主要是反求技术。反求技术包括影像反求技术、软件反求技术及实物反求技术等三方面。目前研究最多的是实物反求技术。实物反求技术是研究实物CAD模型的重建和最终产品的制造。狭义上讲，逆向工程技术是将实物模型数据化成设计、概念模型，并在此基础上对产品进行分析、修改及优化。

反求技术是利用电子仪器去收集物体表面的原始数据，再使用软件计算出采集数据的空间坐标，并得到对应的颜色。扫描仪是对物体作全方位的扫描，然后整理数据、建立三维造型、格式转换、输出结果。整个操作过程，可以分为4个步骤，如表4-4所示。

表4-4　反求技术操作步骤表

步　骤	名　称	内　容
第一步	物体数据化	普遍采用三坐标测量机或激光扫描仪来采集物体表面的空间坐标值。
第二步	分析物体特征	从采集的数据中分析物体的几何特征。依据数据的属性进行分割，再采用几何特征和识别方法来分析物体的设计及加工特征。
第三步	三维模型重建	物体三维模型重建，利用CAD软件，把分割后的三维数据作表面模型的拟合，得出实物的三维模型。
第四步	检验	检验、修正三维模型。

3. 逆向工程实施原理

逆向工程技术不是一个孤立的技术，它和测量技术及现有CAD/CAM系统有着千丝万缕的联系。但在实际应用过程中，由于大多数工程技术人员对逆向工程技术不够了解，将逆向工程技术与现有CAD/CAM技术等同起来，用现有CAD/CAM系统的技术水平要求逆向工程技术，往往造成人们对逆向工程技术的不信任和误解。

从理论角度分析，逆向工程技术能够按照产品的测量数据重建出与现有CAD/CAM系统完全兼容的三维模型，这是逆向工程技术的最终实现目标。但是应该看到，目前人们所掌握的技术，包括工程上的和纯理论上的（如曲面建模理论），都还无法满足这种要求。特别是针对目前比较流行的大规模"点云"数据建模，更是远未达到可以直接在CAD系统中应用的程度。因此人们认为，目前逆向工程技术与现有CAD/CAM系统的关系只能是一种相辅相成的关系。现有CAD/CAM系统经过几十年的发展，无论从理论还是实际应用上都已经十分成熟，在这种状况下，现有CAD/CAM系统不会也不可能为了满足逆向工程建模的特殊要求而变更系统底层。

另一方面，逆向工程技术中用到的大量建模方法完全可以借鉴现有CAD/CAM系统，而不需要另外搭建新平台。基于这种分析，可以认为逆向工程技术在整个制造体系链中处于从属、辅助建模的地位，逆向工程技术可以利用现有CAD/CAM系统，帮助其实现自身无法完成的工作。有了这种认识，人们就可以明白为什么逆向工程技术（包括相应的软件）始终不是市场上的主流，而大多数CAD/CAM系统又均包含逆向工程模块或第三方软件包这样一种情况。

4. 逆向工程软件

逆向工程的实施需要逆向工程软件的支撑。逆向工程软件的主要作用是接收来自测量设备的产品数据，通过一系列的编辑操作，得到品质优良的曲线或曲面模型，并通过标准数据格式将这些曲线、曲面数据输送到现有CAD/CAM系统中，在这些系统中完成最终的产品造型。由于无法完全满足用户对产品造型的需求，因此逆向工程软件很难与现有主流CAD/CAM系统，如CATIA、UG、Pro/ENGINEER和SolidWorks等抗衡。很多逆向工程软件成为这些CAD/CAM系统的第三方软件。如UG采用ImageWare作为UG系列产品中完成逆向工程造型的软件，Pro/ENGINEER采用ICEM Surf作为逆向工程模块的支撑软件。此外还有一些独立的逆向工程软件，如GeoMagic等，这些软件一般具有多元化的功能。例如，GeoMagic除了处理几何曲面造型以外，还可以处理以CT、MRI数据为代表的断层界面数据造型，从而使软件在医疗成像领域具有相当的竞争力。另外一些逆向工程软件作为整体系列软件产品中的一部分，无论数据模型还是几何引擎均与系列产品中的其他组件保持一致，这样做的好处是逆向工程软件产生的模型可以直接进入CAD或CAM模块中，实现了数据的无缝集成，这类软件的代表是DELCAM公司的CopyCAD。下面介绍几种比较著名的逆向工程软件，如表4–5所示。

表4-5　逆向工程软件表

软件名称	概　　况
GeoMagic	美国RainDrop公司的逆向工程软件，具有丰富的数据处理手段，可以根据测量数据快速构造出多张连续的曲面模型。软件的应用领域包括从工业设计到医疗仿真等诸多方面，用户包括通用汽车、BMW等大制造商。
ImageWare	作为UG NX中提供的逆向工程造型软件，ImageWare具有强大的测量数据处理、曲面造型、误差检测功能。可以处理几万至几百万的点云数据。根据这些点云数据构造的A级曲面(CLASS A)具有良好的品质和曲面连续性。ImageWare的模型检测功能可以方便、直观地显示所构造的曲面模型与实际测量数据之间的误差以及平面度、真圆度等几何公差。
CopyCAD	CopyCAD是英国DELCAM公司系列CAD产品中的一个，主要处理测量数据的曲面造型。DELCAM的产品涵盖了从设计到制造、检测的全过程。包括PowerSHAPE、PowerMILL、PowerINSPECT、ArtCAM、CopyCAD、PS－TEAM等诸多软件产品。作为系列产品的一部分，CopyCAD与系列中的其他软件可以很好地集成。
RapidForm	RapidForm是由韩国INUS公司开发的逆向工程软件。主要用于处理测量、扫描数据的曲面建模以及基于CT数据的医疗图像建模，还可以完成艺术品的测量建模以及高级图形生成。RapidForm提供一整套模型分割、曲面生成、曲面检测的工具，用户可以方便的利用以前构造的曲线网格，经过缩放处理后应用到新的模型重构过程中。

5. 逆向工程设备

在产品的逆向设计中，产品三维数据的获取方法基本上可分为两大类，即"接触式"与"非接触式"，由于这两种方式各有优缺点，而且它们的结合可以实现优势互补，克服测量中的种种困难，因而世界各国的逆向设备生产商纷纷研制具有接触式与非接触式两种扫描功能的逆向设备。

三坐标测量机是一种接触式测量设备，具有精度高、重复性好等优点，其缺点是速度慢、效率低。非接触式方法利用某种与物体表面发生相互作用的物理现象来获取其三维信息，如光、电磁等。非接触式方法具有测量过程非接触、测量迅速等优点，其缺点是对所测量物体材料要求严格，如采用激光测量时，所测量物体材料要求不能透光，表面不能太光亮，而且对直壁和徒坡数据的采集往住存在一定误差。数据采集系统有三维照像采集、三维激光扫描、接触式探头扫描采集和三维旋转光栅式扫描等，逆向工程主要设备类型如表4-6所示。

表4-6　逆向工程主要设备类型表

类别	名称	产品图片	概　　况
接触式	三坐标测量机		手动系列三坐标测量机具有许多CMM技术的最新创新。三轴采用预载荷和自我调节的空气轴承、零间隙摩擦传动和高效节能电动机。这些技术创新相结合，保证了一个非常准确、可靠和快速响应系统，运行成本低。花岗岩与特制蜂窝状航空铸铝基体结构具有减震保护，台面带有标准M6螺纹孔用于工件或夹具的安装。坐标机由坚固的花岗岩工作台导轨、高性能的全航空铝合金桥式结构和抗磨损的硬阳极化挤压铝成型导轨组成。内置的PC系统和控制器保证了整机尺寸最小化。基座具有减震保护，配置用户工作站，满足生产现场的使用要求。

续表

类别	名称	产品图片	概　况
接触式	便携式测量机		FARO Gage是一款提高测量效率和灵活性，并拥有高精度的便携式测量机(CMM)，适用于任何生产环境，单手即可操作。FARO Gage是一款高效、节能，无需其他手工检具做辅助测量的设备，功能全面的测量设备。用户只需数秒钟就可将FARO Gage安装在检测台上或生产的机器上，直接测量所生产的部件和组件。FARO Gage让用户终结对既难用又昂贵的固定式测量机的依赖，同时提高了测量稳定性，自动生成SPC分析与GD&T等报告，提高了测量效率。
	手持式3D扫描器		尼康手持式3D扫描器更快更准确的扫描，为用户节省了成本和时间，是符合人体工程学设计的轻型小扫描器，可以扫描几乎所有工业材料，是一种简便快捷的即插即用型设备，该设计可用于各种车间现场测量和优化改进，也可用于各种难以扫描的表面。
	便携式测量臂		便携式测量臂可以帮助生产制造企业通过现场检测、设备认证、CAD-to Part分析等验证其产品、品质，甚至可以进行逆向开发。全新的Edge是全球首款智能测量臂。凭借其内置触摸屏及机载操作系统，它将会成为用户高效而得力的个人测量助手。
非接触式	3D激光测量系统		非接触式多测头3D激光测量系统采用了尼康最新的多传感器测量技术，配备了新型高精度激光扫描系统，实现了对复杂组件表面形状的自动检测。本系统由一个双轴转台和一台3轴都采用高钢性空气轴承系统的三坐标测量机构成，采用了驱动系统及其控制机构的5轴同步技术，并为获得更高的稳定性作了专门优化。本系统配备了新开发的高速、高精度激光扫描系统和SFF（对焦寻形）传感器，即使对于表面光滑或者没有表面纹理的物体也可通过活动纹理投影对其形状进行高精度测量。再加上接触式探针和内置TTL激光AF功能，构成了完整的多传感器测量系统。该系统配备的各种传感器可实现对复杂的汽车和机械加工组件、注模部件、医学设备部件等形状各异的物体进行精确测量。
	测量显微镜		新型、数字化测量显微镜主要用于机械加工车间、检测室的尺寸测量和数据处理。设计结构紧凑、占用面积小，重量轻；白色LED光源寿命较长；测量数据准确，载物台固定设计，使安装、操作更简单；重要的是价格低廉，是一款一般客户就能买得起的测量仪器！
	交叉式激光扫描头		交叉式激光扫描头只需一次扫描即可采集产品特征、边缘、腔体、肋状物和自由形状的三维细节数据。不断提升的数字化扫描频率以及智能化的激光强度自调节能力使得其可以在无须用户干预的情况下扫描各种数据。单次扫描即可获取复杂表面和几何特征的完整三维信息，真实三维数字化技术确保高精度特征测量。独有的多线激光技术，可以同时从三个方向扫描工件，高速数字化技术大大提高了扫描频率，具有独特的激光强度点对点自动调节能力和更宽的激光条纹，非接触式激光扫描头可用于柔性或易碎零件的测量，长工作距离扫描头可在更大范围内调节工作距离，更好地扫描深腔和深槽。该产品可应用于车身零部件、钣金件、铸件（发动机铸件等）检测、塑料成型和吹塑产品（复合燃油箱、车身塑料件等）扫描、复杂表面检测等方面
	轮廓投影仪		轮廓投影仪是利用光学原理将工件轮廓或表面形态经物镜及反射镜放大后，投影到投影屏上，使用计数器或各种标准图片，进行长度、角度、形状、表面等检验和测量工作的仪器。属于非接触式、二坐标测量，尤其适合弹性、脆性材料的测量。还可连接数据处理机、自动寻边器、打印机等接口设备，进行便捷、快速、精确的测量及数据统计分析等工作。轮廓投影仪能高效地检测各种形状复杂工件的轮廓和表面形状，并能广泛地应用于机械制造业、仪器仪表和钟表行业等有关企业的计量室和车间。
	大空间激光跟踪仪		大空间激光跟踪仪是目前市场上技术水平最先进的激光跟踪仪，运用人们在世界各地测量应用所得的无限知识，人们可以制造世界上最精确的激光跟踪仪，并让测量工作变得简单和易维护。这款重量更轻的产品，提供了更大测量范围，并含有最快捷、最精密的测距系统集中式绝对测距仪(aADM)。客户已经把FARO激光跟踪仪广泛应用于校准、机器安装、部件检测、工具组装和设置以及逆向工程中。

　　逆向工程技术在模具行业中的应用从逆向工程的概念和技术特点可以看出，逆向工程的应用领域主要是飞机、汽车、玩具和家电等模具相关行业。近年来随着生物、材料技术的发展，逆向工程技术也开始应用在人工生物骨骼等医学领域。但是其最主要的应用领域还是在模具行业。由于模具制造过程中经常需要反复试冲和修改模具型面，若测量最终符合要求的模具并反求出其数字化模型，在重复制造该模具时就可运用这一备用数字模型生成加工程序，从而大大提高模具生产效率，降低模具制造成本。

　　逆向工程技术在我国，特别是在生产各种汽车、玩具配套件的地区和企业有着十分广阔的应用前景。这些地区和企业经常需要根据客户提供的样件制造出模具或直接加工出产品。在这些地区和企业，测量设备和CAD/CAM系统是必不可少的，但是由于逆向工程技术应用不够完善，严重影响了产品的精度以及生产周期。因此，逆向工程技术与CAD/CAM系统的结合对这些地区和企业的应用具有重要意义。

4.2.8　模型（样机）制作

1. 模型的含义

　　模型是根据实物、设计图样或构思，按比例、生态和其他特征制成的与实物相似的一种物体。模型的作用是记录构思，研究形态，分析结构即形态设计的造型结构、基本形态的连接和过渡，产品功能部件的布置安排，运动构件之间的配合关系等，获得试验数据，讨论交流，展示评价。通过样机模型可以检验产品的造型设计、结构图样和零部件的装配关系，并可通过对真实尺寸的观察，对产品外观设计做最后的调整和修改，对于一些机能性比较强的产品，有时要通过样机来检测产品的技术性能和操作性能是否达到预定的设计要求。

2. 模型的分类

　　从模型在设计各阶段的作用分，可以分为草模型、概念模型和样机模型3种。

　　（1）草模型。草模型是设计师在产品的构思阶段用来推敲产品的空间尺度、人机关系和产品结构的可行性的手工模型，一般用纸、油泥、石膏、泡沫等易加工成型的材料制作。这是在方案构思阶段，为了验证工作原理的可行性而制作的一种产品雏形，是产品初步框架。这种模型比较简单，和最终产品可能相差很大。在确定设计效果图后，进行汽车油泥模型（比例1∶5）制作，如图4-18所示。

图4-18　油泥模型制作

（2）概念模型。概念模型在外观上很接近最终的产品，但不包括内部构造，它可用于设计师对产品造型的细节推敲。概念模型是在草模的基础上侧重对产品造型的考虑制作的模型。用概括的手法表示产品的造型风格、布局安排，以及产品与人、环境的关系等，从整体上表现产品造型的整体概念。图4-19所示的吸烟器模型即为概念模型的典型代表。

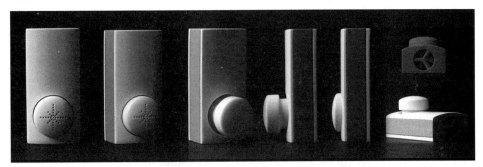

图4-19　吸烟器模型（龚晨设计，王俊涛、杨梅指导）

（3）样机模型。样机模型是指设计的最终实体结果。它尽可能具有真实感，能体现产品投放市场后的真实效果，如外观质量、材料质地、使用方式等。样机模型是在生产之前制作的，和设计的产品外观一样，并装有机芯，是可以真实工作的产品模型，其目的是用于最后的产品直观评价和生产风险的检测，主要用于检验设计是否正确，发现设计中的问题，并为后期生产做好准备。样机模型是设计师推敲和检验设计的重要手段。作为样品，为研究人机关系、结构、制造工艺、外观等提供实体形象，并可直接向委托方征求意见，为审核方案提供实物依据。有时也用于参加各类展示活动和订货洽谈会，因此产品各部分的细节要表现得非常充分。图4-20所示为快速成型的产品外形与效果图对比。

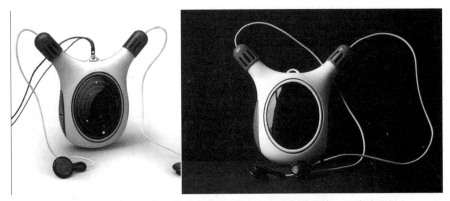

图4-20　快速成型的产品外形与效果图对比（邓常博设计，王俊涛指导）

（山东省大学生工业设计大赛，最佳产品创新奖）

3. 模型（样机）的制作

应对不同阶段产品设计的要求，模型的制作需求不同，其制作工艺也不相同。草模型和概念模型要求较低，其主要依赖于手工制作，模型制作运用木材、石膏、树脂等材料，采用合适结构及相应的加工工艺和三维实体的表现方法，来表达产品的设计构思和模拟产品的形态结构。产品样机模型的制作较为复杂，制作精度要求较高。产品造型由于受到使用功能、内部结构和成型材料、加工工艺等条件的制约，对尺寸性、平整度等都有严格的要求。因此在进行样机模型制作时，要对尺寸进行严格的校正。

目前常用的制作产品样机模型的方法有：快速成型（RP）技术和数控机床（CNC）加工成型。

（1）快速成型（RP）技术。快速成型技术又称快速原型制造技术（Rapid Prototyping Manufacturing, RPM）是近年来发展起来的根据计算机数字文件快速生成模型或零件实体的技术总称。用这种技术制作产品样机模型主要是用激光片层切割叠加或激光粉末烧结技术生成产品的模型或样件。这种技术的优点主要是速度快，模型的造价几乎和产品的复杂程度无关，加工复杂的形态也非常容易。图4-21所示为3D Systems公司于1988年推出的最早的SLA250RP激光快速成型机，它以光敏树脂为原料，通过计算机控制紫外激光使其凝固成型。

图4-21　SLA250RP激光快速成型机

RP技术是在现代CAD/CAM技术、激光技术、计算机数控技术、精密伺服驱动技术以及新材料技术基础上集成发展起来。其成型的类型主要有SLA、SLS等。不同种类的快速成型系统因所用成形材料不同，成形原理和系统特点也各有不同。但是，其基本原理都是一样的，那就是"分层制造，逐层叠加"，类似于数学上的积分过程。形象地讲，快速成型系统就像是一台"立体打印机"，有的称为"三维打印机"。RP技术的优越性显而易见：它可以在不使用任何加工刀具的情况下，接受产品设计（CAD）数据，快速制造出新产品的样件、模具或模型。根据零件的复杂程度，这个过程一般需要1~7天的时间。因此，RP技术的推广应用可以大大缩短新产品开发周期、降低开发成本、提高开发质量。由传统的"去除法"到今天的"增长法"，由有模制造到无模制造，这就是RP技术对制造业产生的革命性意义。图4-22所示为快速成型加工的产品手板。

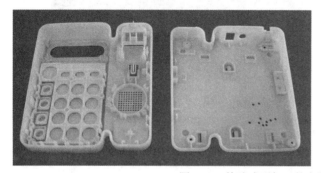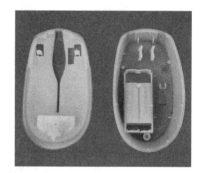

图4-22　快速成型加工的产品手板

RP技术的具体实现过程是：将计算机内的三维数据模型进行分层切片得到各层截面的轮廓数据，计算机据此信息控制激光器（或喷嘴），有选择性地烧结一层接一层的粉末材料（或固化一层又一层的液态光敏树脂，或切割一层又一层的片状材料，或喷射一层又一层的热熔材料或粘合剂）形成一系列具有一个微小厚度的的片状实体，再采用熔结、聚合、粘结等手段使其逐层堆积成一体，便可制造出所设计的新产品样件、模型或模具。自美国3D公司1988年推出第一台商品SLA快速成形机以来，已经有十几种不同的成形系统，其中比较成熟的有SLA、SLS、LOM和FDM等系统。其成形原理分别介绍如下（见图4-7～表4-9）：

表4-7 不同成形原理的快速成型技术（RP技术）

名 称	英文缩写	成形材料	制件性能	主要用途	技 术 原 理
光固化成型法	SLA	液态光敏树脂	相当于工程塑料或蜡模	高精度塑料件、铸造用蜡模、样件或模型。	该方法是目前世界上研究最深入、技术最成熟、应用最广泛的一种快速成型方法。SLA技术原理是计算机控制激光束对以光敏树脂为原料的表面进行逐点扫描，被扫描区域的树脂薄层(约十分之几毫米)产生光聚合反应而固化，形成零件的一个薄层。工作台下移一个层厚的距离，以便在固化好的树脂表面再敷上一层新的液态树脂，进行下一层的扫描加工，如此反复，直到整个原型制造完毕。
激光选区烧结法	SLS	工程塑料粉末	相当于工程塑料、蜡模、砂型	塑料件、铸造用蜡模、样件或模型。	该法采用CO_2激光器作能源，目前使用的造型材料多为各种粉末材料。在工作台上均匀铺上一层很薄的粉末，激光束在计算机控制下按照零件分层轮廓有选择性地进行烧结，一层完成后再进行下一层烧结。全部烧结完后去掉多余的粉末，再进行打磨、烘干等处理便获得零件。
叠层实体制造法	LOM	涂敷有热敏胶的纤维纸	相当于高级木材	快速制造新产品样件、模型或铸造用木模。	LOM工艺将单面涂有热溶胶的纸片通过加热辊加热粘接在一起，位于上方的激光器按照CAD分层模型所获数据，用激光束将纸切割成所制零件的内外轮廓，然后新的一层纸再叠加在上面，通过热压装置和下面已切割层粘合在一起，激光束再次切割，这样反复逐层切割、粘合、切割，直至整个零件模型制作完成。
熔融沉积法	FDM	固体丝状工程塑料	相当于工程塑料或蜡模	塑料件、铸造用蜡模、样件或模型。	FDM工艺的关键是保持半流动成型材料刚好在熔点之上(通常控制在比熔点高1℃左右)。FDM喷头受CAD分层数据控制使半流动状态的熔丝材料(材料直径一般在1.5mm以上)从喷头中挤压出来,凝固形成轮廓形状的薄层。

表4-8 常用的快速成型材料分类表

材料形态		材 料 名 称	成型方法
液 态		光固化树脂	SLA
固态粉末	非金属	蜡粉、塑料粉、覆膜陶瓷粉、覆膜砂等	SLS
	金 属	金属粉、覆膜金属粉	
固态片材		纸、塑料+粘结剂、陶瓷箔+粘结剂、金属箔+粘结剂等	LOM
固态丝材		蜡丝、ABS等	FDM

表4-9 快速成型（RP）制造的目标表

目标类别	内 容
概念型	对材料成型精度和物理化学特性要求不高，主要要求成型速度快。
测试型	对于材料成型后的强度、刚度、耐温性、抗蚀性等有一定要求，以满足测试要求。
模具型	材料适应具体制造要求。
功能零件	材料具有好的力学性能和化学性能。

（2）数控机床（CNC）加工成型。数控机床(CNC)是计算机数字控制机床(Computer Numerical Control)的简称，是一种由程序控制的自动化机床。1952年美国麻省理工学院首先研制成数控铣床。数控的特征是由编码在穿孔纸带上的程序指令来控制机床。此后发展了一系列的数控机床，包括称为"加工中心"的多功能机床，能从刀库中自动换刀和自动转换工作位置，能连续完成锐、钻、饺、攻丝等多道工序，这些都是通过程序指令控制运作的，只要改变程序指令就可改变加工过程。该控制系统能够逻辑地处理具有控制编码或其他符号指令规定的程

序，通过计算机将其译码，从而使机床执行规定好了的动作，通过刀具切削将毛坯料加工成半成品或成品零件。CNC是高度机电一体化的产品，工件装夹后，数控系统能控制机床按不同工序自动选择、更换刀具，自动对刀，自动改变主轴转速、进给量等，可连续完成钻、镗、铣、铰、攻丝等多种工序，因而大大减少了工件装夹时间、测量和机床调整等辅助工序时间，对加工形状比较复杂，精度要求较高，品种更换频繁的零件具有良好的经济效果。

CNC加工成型按其加工工序分为镗铣和车削两大类，按控制轴数可分为三轴、四轴和五轴加工中心。CNC加工手板的基材分类如表4-10所示。

表4-10　CNC加工手板的基材分类表

CNC加工手板的基材分类	ABS(国产、进口、透明、黑色、超高耐温等)
	475胶板、电木、塑料王等
	POM(赛钢)、PMMA(亚加力)、PC、PP、PA、BT、PVC等
	铝、铜等。

CNC在机械加工业用处广泛，技术相对成熟，用于手板加工效果以及精度即高，为目前首先考虑的手板加工手段。

计算机数字控制机床简称数控机床（图4-23）的出现为样机制造提供了更好的技术支持，使得制作和产品一模一样的样机成为可能。其优点是样机模型打磨后表面质量很高，可以使用和真实产品完全一致的材料，机构强度好，可以制成真正意义上的样机。这种方法正在被越来越多的企业和设计师所使用。数控技术操纵的机器设备处理的是设计研讨后的最终参数模型，可以使原创性得以完整体现，避免了传统手工制作时人为性地信息损失；提高了加工精度，加工时间大大缩短；设计初期就导入参数化的理念，使得设计和试制在一个共同的数字平台上进行，为并行工程的导入提供了技术支持。设计的同时可以进行样机生产，也可以在样机制作过程中修改设计，优化结构和功能。图4-24所示为计算机数字控制机床加工手板。

图4-23　计算机数字控制机床　　　　　图4-24　计算机数字控制机床加工手板

4.3　产品改良设计案例分析

4.3.1　产品造型改良案例

众所周知"逆向工程可以在汽车的正向开发工程中提高效率"，一定会令很多人感到疑惑。不少人认为逆向工程与正向工程是针锋相对的工作方式。事实上，它们是可以相互结合的，增加逆向工程的辅助无疑可以提高正向开发的效率。但需要指出的是，这种结合与"逆向模仿"甚至是"抄袭"的方式截然不同。奔驰F 700汽车外观造型的设计及修改过程中就使用了三维扫描仪，运用逆向工程技术辅助正向开发新款概念车，如图4-25所示。

在车身造型设计中的传统正向设计流程是设计师依据产品企划时所定的规划与设计构想，绘制草图及效果图，并且依据效果图构建CAD数字模型，进而制作小比例油泥模型，经过CAD数字模型和小比例油泥模型的反复修改之后，再制作1：1油泥模型，最终确立外观造型方案。奔驰F700汽车外观造型的设计步骤如表4-11所示。

表4-11　奔驰F700汽车外观造型的设计步骤

序号	步骤内容	完 成 情 况	序号	步骤内容	完 成 情 况
①	设计师依据产品企划时所定的规划与设计构想，绘制草图及效果图		⑥	车体内饰的结构制作	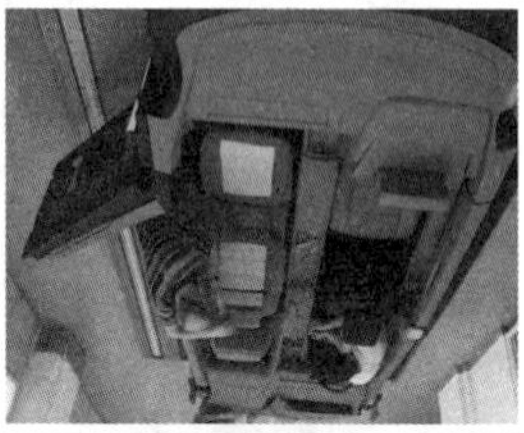
②	制作小比例油泥模型，对车身造型进行实体评价并且反馈，修正车体模型		⑦	车体内饰的材料对比、选取	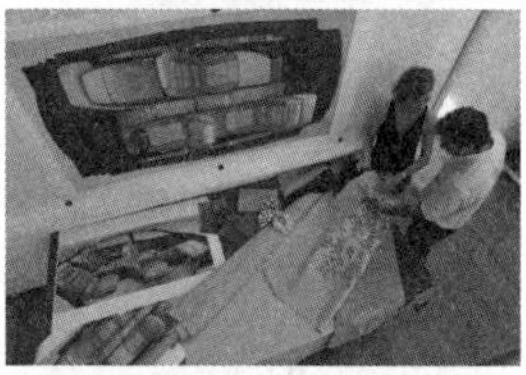
③	制作1：1油泥模型过程		⑧	组装车外壳及附件，完成全功能工程样车装配	
④	对于1：1油泥模型进行专业方案评估，完成细节修改。再重新反馈给数据模型，进行数据分析		⑨	奔驰F700概念车全功能工程样车完成效果	
⑤	制作车架，并进行所有部件整合装配，进行全功能工程样车制造				

然而在正向设计中导入逆向工程设计流程后，油泥模型与数字模型的制作顺序发生了颠倒，设计师可在油泥模型中多次完成修改之后通过三坐标测量仪与拍照式三维扫描仪对其进行三维扫描，由CAD程序生成数字模型，由此减少数字模型与油泥模型之间因反复修改所消耗的时间。

图4-25　奔驰F700设计效果图与最终样车对比图

4.3.2　产品功能改良案例

产品功能改良方法多样，下面介绍几种笔者在设计实践中总结的几种常用方法。

1. 使用功能延伸

细节的不同可以将原有产品的使用功能进行延伸，丰富实用者的具体使用需求。相同或相似的产品结构，设计师可以开发新的实用方式从而将原有使用功能延伸。

图4-26所示的手提袋，在孩子和家长一起出门时，可以让孩子抓着手提袋上的小把手，从而不会走丢。

2. 使用功能优化

图4-27所示的两用洒水壶其设计充分利用了塑料的优点，出水管口旋转向壶身的同时使其压紧从而可以装满水并塞进柜子里存放。出水管口是半透明的，能够看到壶中准确的水量，浇水时也能看到出水过程。壶身和出水口都被做成了便于灌装，且能和厨房水槽的龙头良好配合的形状。这款洒水壶被设计成经久耐用的，并且是用可循环再利用材料制成。对厂商来说，重要的是运输、包装和零售储存成本大大降低了，因为这个可旋转的出水管口减少了一半空间。

图4-26　手提袋上有小孩抓的提带　　图4-27　Pour&Store Watering Cans两用洒水壶（mart Design设计）

3. 连锁功能组合

通常情况，由多件产品组合完成一项功能的情况下，不同产品之间会形成连锁功能组合的情况，例如，完成日常清洁中的"扫地"这一功能概念，需要"扫帚"＋"垃圾桶"两个产品，分别完成"清扫"和"存储"的连锁功能。为解决产品在完成功能时出现的问题，可以将产品优化设计，例如，解决"扫地"这一功能概念时，"扫帚"容易产生缠绕毛发、丝线等不易清理的问题。图4-28所示的带"梳理"功能的垃圾桶，其设计十分巧妙，在垃圾桶的桶壁上设计"梳子"的造型，将"扫帚"＋"垃圾桶"、"扫帚"＋"梳子"两个连锁功能结合设计而成。

4. 整合相近功能

同类产品具有相同或相近的功能，将产品间的细微功能拆解重组或者替换可以设计出具备多重优点的新产品。

将扫帚、簸箕与垃圾桶进行整体的结合，既节省空间，又美观室内环境，如图4-29所示。方方正正的垃圾桶一角是扫帚和簸箕安置处，分离后，垃圾桶底部会因此倾斜10°，但这并不影响使用，而且会更方便倾倒垃圾。这种可视化的失衡，也是提醒用户使用完后需将扫帚和簸箕归位。

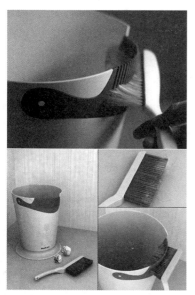

图4-28　带"梳理"功能的垃圾桶

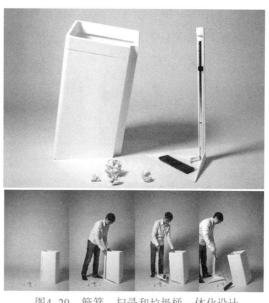

图4-29　簸箕、扫帚和垃圾桶一体化设计

4.3.3　产品结构改良案例

1. 整体结构改良

无论对于结构复杂或结构简单的产品而言，整体结构的改良都绝非易事，但如果从设计的本源——"人的需求"出发，其设计思路就会非常广阔。例如，摇椅组合摇篮床，随着宝宝们日渐长大，许多摇篮床都最终被闲置家中，无形中造成了一种资源的浪费。针对这种常见情况，设计师马丁推出了这款可以拆分使用的新型摇篮床：它的整体结构可以拆分和组合，一旦不再被用作摇篮床，便可以"变身"为两只单独的摇椅，继续为用户的家庭服务，如图4-30所

示。又如"带托盘的落地灯"，通过茶杯造型的灯罩、支架中间凸起的杯托结构，完整的将书、茶、灯，三者元素结合，简洁明了，如图4-31所示。

图4-30 摇椅组合摇篮床

2. 局部细节改良

由于产品种类繁多，其细节也千差万别，因而局部细节改良设计必须"对症下药"，同类产品或不同种类但结构类似的产品都能成为"范本"，取其精华。

（1）优化装配工艺及结构可靠性案例。在结构设计目标中，除了保证结构的功能外，简化装配工艺和保证结构的可靠性也是结构设计需要考虑的重要方面。

案例设计要求悬臂梁能轻松装配进轴孔，并且能够承受一定的拉力而不掉出来，如图4-32所示。

图4-31 带托盘的落地灯

图4-32 设计结构案例

下面先来看一下常见的两个设计方案。对于方案1（图4-33），显然可以变形的部位长度偏短，变形比较困难所以导致装配比较难，而且在装配过程中很容易会给零件造成永久性损坏。对于方案2（图4-34），因为开了一条通槽，使得发生变形的部分长度大为增加，从而使得在装配过程中变形比较容易，换言之就是装配比较容易，但也正因为通槽的存在，装配好之后轴的受力稍大便会因两侧的变形而造成脱落。

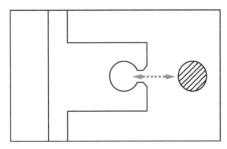

图4-33 方案1：装配困难且容易损坏零件

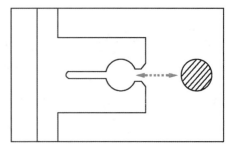

图4-34 方案2：装配容易但容易脱落

通过上面两个方案的分析，可以知道设计要点实际上是如何实现变形的单方向。也就是说设计应该使得在装配过程中的变形比较容易，并在装配好后自然受力的情况下不容易发生变形，根据这个要求人们作出了图4-35所示的改良方案，实际生产应用中也得到了很好的效果。

（2）优化装配及拆卸工艺案例。简化并优化成品的装配及拆卸工艺，实际就可以达到减少产品成本，提高生产效率的目的。

案例设计要求副零件要能轻松压入ABS零件中，并且可以容易取出以更换副零件。卡勾的高度5.0mm因为空间的问题不能再增加。

图4-36所示为通常的设计方案，但这个设计方法的缺点是很明显的。因为卡勾的高度限制，强行压入副零件会比较困难，并且在压入过程中容易对ABS零件造成损坏。对于需要多次更换而进行的装配更会因疲劳而造成永久性损坏。

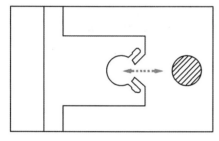

图4-35 改良方案：装配容易而不容易脱落

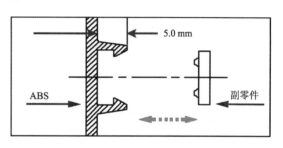

图4-36 通常的设计方案

针对以上问题，此种方式采用U形搭勾的方式（图4-37）来实现单向自然变形。实际证明装配简单而固定性好。

4.3.4 产品材料改良案例

材料是人类用于制造物品、器件、构件、机器或其他产品的物质。材料是物质，但不是所有物质都可以称为材料。材料是人类赖以生存和发展的物质基础。材料除了具有重要性和普遍性以

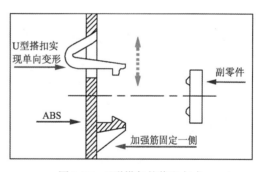

图4-37 U形搭勾的装配方式

外，还具有多样性。由于多种多样，分类方法也就没有一个统一标准。不同材料的产品形态很可能不同，而且风格迥异。

从物理化学属性来分，可分为金属材料、无机非金属材料、有机高分子材料和不同类型材料所组成的复合材料。从用途来分，又分为电子材料、航空航天材料、核材料、建筑材料、能源材料和生物材料等。

更常见的两种分类方法则是结构材料与功能材料；传统材料与新型材料。结构材料是以力学性能为基础，用以制造受力构件所用材料，当然，结构材料对物理或化学性能也有一定要求，如光泽、热导率、抗辐照、抗腐蚀、抗氧化等。功能材料主要是利用物质的独特物理、化学性质或生物功能等而形成的一类材料。一种材料往往既是结构材料又是功能材料，如铁、铜、铝等。传统材料是指那些已经成熟且在工业中已批量生产并大量应用的材料，如钢铁、水泥、塑料等。这类材料由于其量大、产值高、涉及面广泛，又是很多支柱产业的基础，所以又

称为基础材料。新型材料（先进材料）是指那些正在发展，且具有优异性能和应用前景的一类材料。新型材料与传统材料之间并没有明显的界限，传统材料通过采用新技术，提高技术含量，提高性能，大幅度增加附加值而能成为新型材料；新材料在经过长期生产与应用之后也能成为传统材料。传统材料是发展新材料和高技术的基础，而新型材料又往往能推动传统材料的进一步发展。

设计师David Knott的玻璃壶设计，非常简约时尚，壶柄的设计非常现代，透明的壶身让人能饱览水沸腾的过程，与传统塑料或不锈钢壶身相比，其优势不言而喻，如图4-38所示。

图4-38　Schott Duran玻璃电热壶（David Knott设计）

图4-39所示为运用塑料、金属、木材、织物等不同材料设计的形态各异的椅子，其充分运用了材料的特性，体现了设计特色。

图4-39　不同材料形态各异的椅子

4.3.5　产品使用方式改良案例

产品使用方式的变化可谓设计中的最大风险，因为在产品得到消费者生活检验之前，其使用方式的变化能否被接受是一个最大的问题。与此同时，巨大的风险后面可能蕴藏着巨大的市场。例如，苹果公司的Iphone触屏手机的全触模式体验，就塑造了Iphone的销售神话。由此可见只要是真正为消费者考虑，真正"人性化"的设计肯定会被市场认可。

市场上的灶具品牌种类繁多，高中低档产品款式更是五花八门，如图4-40所示。其中低端机型大多是台式造型，单灶头设计，功能较单一，开关简单，也有一些模仿中端造型，但在材料和工艺方面差距较大，虽在造型上有一些流线的改变，但核心技术上没有进步，材料多为不锈钢。中端机形态较为丰富，功能上也有较大提升，设计偏向于简洁环保，节能美观，大多数品牌聚集在这个区域，台面多运用不锈钢、钢化玻璃和陶瓷。功能上增加了防回火、自动熄火、加热均匀、光波附加火焰等。高端机品牌效应明显，设计上体现品位和奢华，以品质为主，在工艺和安全、科技方面有所突破。

图4-40　现有燃气灶

目前市场上灶具存在的问题主要有回火、爆炸、误操作等安全问题，材料、品牌等质量问题，灶头裸露影响美观，支架繁琐、占据空间不易清洗等问题。

塞梅托（Thermodor）公司参加国际消费电子展（CES）的"全屏式感应灶台"就是一款极具科技感的厨房用具（图4-41）：在其六英寸触摸屏上可以显示灶具所在的位置及形状，方便使用者单独控制每个容器的烹饪温度，并且可以实现高达4600瓦的最大输出功率。此外，由于该灶台采用了无缝布局的热感应屏面，用户在使用锅具时也无须局限在固定的单一或多个灶头上。

图4-41　塞梅托（Thermodor）公司设计的全屏式感应灶台

4.3.6　产品适应环境改良案例

在城市的居住区、商业区、公共活动区、旅游区等公共场所为人们提供一些小憩的空间是十分重要的。它可以让人们拥有一些较私密空间进行一些特殊活动，如休息、小吃、阅读、打盹、编织、下棋、晒太阳、看人、交谈等，因此公共座椅的合理化设计十分重要。

传统公共座椅的形态如图4-42所示。经过调查和观察发现，现在的公共空间座椅存在以下问题：①占用面积大，运输安装困难；②不美观，与周围环境不协调；③长条座椅会使陌生人坐得太近感到尴尬，坐的太远浪费椅面，单人座椅使就坐者无法放背包或手提袋；④不具有防尘、防雨、防晒等功能；⑤还有很多不符合人机工程学。针对以上问题，在设计时需要设计合理的、占用空间小的、防尘防雨、符合人机工程学的公共休闲座椅。

目前，老龄化是全球共同面对的社会难题。来自新西兰的设计师曾做过一个调查，对于老年人群体来说，保持健康活力的最佳方式就是多步行。但节奏飞快的现代社会环境显然不是为老年人所准备的休憩乐园，由于身体状况或子女担心等原因，大多数老年人都被"中途无处休息"的现实难处困在家中。

图4-42　传统公共座椅

图4-43所示的这个被安装在电线杆或灯柱上的座椅造价低廉，耐受性强，且方便安装，可倚可坐，不仅不占用地方，载体在城市里更是比比皆是。如果在老年公寓和长者之家等机构的附近能大规模安装，对出行的老人来说将是莫大的便利。甚至规模不大的医院或银行等需要长时间等候的公共场所，它都能派上用场。

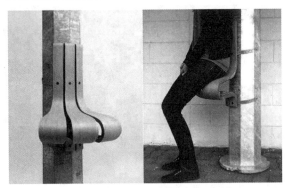

图4-43　电线杆上的座椅（新西兰）

第 5 章 | 产品开发设计程序

产品设计是一项复杂的系统工程，期间需要多个环节配合完成。在产品开发过程中，如果程序设置不合理，环节衔接不畅会影响到产品的开发，造成进程的缓慢与停滞，问题如果得不到解决，甚至会导致产品开发的失败，给企业带来巨大的经济损失。因此在进行产品开发时，对于产品设计的整个流程要有宏观、清醒的认识，对于期间所涉及到的每个环节都深入了解，运用科学合理的产品开发程序，这样才能够提高工作效率，保证产品开发的成功率。

5.1 产品开发设计的准备

5.1.1 产品开发设计的目的和意义

1. 产品开发设计的目的

产品开发的终极目的是为了给企业创造利润，只有生产出适销对路的产品，开发的产品才能获得最大限度的利润；反之，如果开发的产品不符合市场需求或客户要求，必然会造成产品积压，从而导致厂家破产倒闭。所以，产品开发设计对于厂家来说具有极其重要的意义。

用户的需求对于产品开发有着重要的导向作用，号称"经营之神"的松下幸之助深知这一道理。他常说："我们每天都要测量顾客的体温。"松下公司精心挑选组织的23000名调查员，使松下公司能及时、准确地把握顾客的脉搏和动向，使其开发的产品始终具有市场占有率。

2. 产品开发设计的意义

新产品开发是企业盈利和增强竞争力的重要手段。要进行新产品开发企业应当培育自身的研发力量，充分利用生产和经营的资源，使研发和创新成为竞争优势的源泉，成为企业盈利的核心动力。另外具有自主创新能力的企业会在客户群中具有良好的美誉度，从而提升企业形象。

新的产品开发可以是技术驱动的，也可以是需求驱动的。所谓技术驱动式的产品开发是指新技术出现带动产品的变革。比如数码成像技术出现后，传统的胶片相机就逐渐被淘汰了，取而代之的是形态各异的数码相机。瑞士曾是钟表王国，瑞士钟表业已经有400多年历史，闻名于世。瑞士机械钟表，做工精细，质量上乘，是瑞士表的拳头产品。但是，价格高昂、有时差，则是瑞士表的弱点。日本人敏锐地抓住了这个制约手表制造业发展和市场开拓的致命弱点，研制开发出走时极其准确，价值十分低廉的电子石英表。日本生产的普通电子石英表，每个月走时误差不超过15秒，要远远优于复杂精密的传统机械钟表。日本现已成为世界上最大的钟表生产国，而这巨大的成就首先得归功于物美价廉的石英表的成功开发。

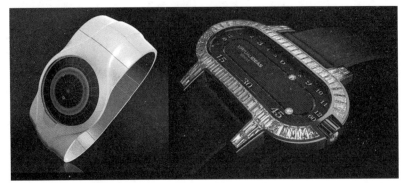

图5-1　概念手表

需求驱动式的产品开发是由用户的需求作为产品开发的原动力。用户的需求可以分为"主体需求"和"引导需求"两种。主体需求是指用户对于产品功能的刚性需求，或者是由于产品的正常循环淘汰所产生的补充性的需求，如图5-1所示的概念手表；而"引导需求"是指厂家通过优秀的工业设计为用户创造出美好的"用户体验"引导消费者进行消费，从而为企业创造价值，如图5-2所示的概念手表。

图5-2　概念钟表-创造新形式引导用户需求

比如很多汽车企业对于旗下汽车的更新换代，有时推出的新的换代车型只是在原有车型基础上进行机构或者外形上的小调整，就以"新一代"的旗号推向市场。这是增强产品竞争力的行之有效的方法，一方面对于产品的改良可以使产品更加完善，为目标用户创造良好的"用户体验"，从本质上增强产品的竞争实力。另一方面，每推出新一代的车型都可以在媒体上大作广告，增加产品在用户视野中的出镜率，从而获得用户对于产品的认同。图5-3所示的韩国现代索纳塔换代车型对比，新款造型流线型造型更加突出，整体更加饱满，从而赢得了消费者的青睐。

图5-3　韩国现代索纳塔换代车型对比

只有不断的对现有产品进行改良，或者根据用户需求进行新的产品开发才能使产品的功能更加符合用户的使用需求，才能建立良好的品牌形象，增强产品的竞争力。

5.1.2 产品开发设计应具备的条件

虽然新产品开发对于产品竞争实力的增强具有重要意义，但人们也应当清晰的看到，开发新产品是一个现代公司最具风险、最重要的活动之一，许多公司花费在新产品开发上的大量金钱会付之东流。残酷的现实表明，大部分的新产品未能进入市场，其失败比率在25%～45%之间。产品发展和管理协会(PDMA) 指出，目前新产品进入市场的成功率只有59%。对于一些经济实力不强的小企业来说，重点产品开发项目失败就意味着破产。所以人们在进行产品开发之前应当做好充分的准备，以降低新产品开发失败的风险。

提高新产品开发成功率应当具备的条件有以下几点。

1. 充足的开发成本

新产品开发需要投入大量的时间、资金和精力。很多小企业不具备开发新产品的客观条件。因此想要开发新产品，首先企业应当对于自身的情况有清晰的认识，在开发新的产品之前应当进行自检，看看自身的条件是不是适合于进行大规模的新产品开发。如果资金储备、科研实力达不到要求，就盲目的进行产品开发，不仅不会给企业带来效益，还很有可能会造成企业资金断链，使得企业陷入僵局。

2. 正确的产品开发决策

新产品开发成功与否很大程度取决于产品开发决策，定位准确会事半功倍，相反可能会造成产品开发的失败。这就要求决策者具有丰富的产品开发经验，敏锐的市场洞察力和缜密的思维判断能力。

（1）产品开发决策应当客观理性。企业领导层的决策应当建立在准确的市场数据之上。市场部门需要进行专业细致的市场调研，提供详实可靠的市场数据。切忌领导根据自身喜好，不顾市场现状，强行推进领导个人喜爱的产品方案，最终因为偏离目标消费者的需求而造成产品开发失败。

（2）产品开发决策应当具有宽阔的视野。由于世界经济一体化进程的加快，信息社会的到来，一个企业花费大量人力、物力、财力开发的新产品，在另一个国家或企业也许已经是普通产品，甚至是落后产品，因此造成了人力、物力、财力的浪费。

3. 政府政策的导向

（1）政府根据经济发展和政治的需要会推进、扶持某些产品开发项目也会限制某些项目。在进行产品开发定位之前有必要对于政府的相关政策进行了解，少走弯路。

例如，为了保护环境，国家制定了关于治理小工业的一些措施，强制一些小型造纸、化工、发电等对环境污染严重，对资源浪费严重的企业关闭。这些企业的关闭并不是由市场竞争失败而导致的，而是国家强制政策造成的，使得由这些小企业开发和生产的一些新产品被扼杀在摇篮之中。

（2）政府制定公共产品标准。为了规范行业发展，政府会强制制定一些公共产品的生产标准。如果对于相关规定不了解，闭门造车的进行产品开发，会不符合相关的要求，从而影响新产品开发的进度。

4. 合理的研发团队配备

一个优秀的产品并非是企业一个部门的功劳展示。产品开发是一个复杂且繁琐的系统工作，需要由几个部门跨领域合作。因此在进行产品开发前应当整合人员资源，搭建起合理的研发团队，这样新产品的创新和研发才具有可行性。

从宏观的角度来说，研发团队应当包括"市场部"和"研发部"。其中"研发部"又包括

"产品外观部"和"产品结构部"。"产品外观部"负责产品概念设计、产品造型设计、人机交互设计、用户体验设计、产品模型制作等。产品结构部门负责产品的机械设计、模具设计、电路设计、软件设计等。

5. 对竞争对手进行了解

市场竞争是异常残酷的，企业在市场竞争中免不了要和同行进行博弈。在进行新产品研发时应当时刻留意竞争对手的产品开发动向，通过细分市场的选择避免与其发生正面碰撞。

如果与竞争对手所开发的新产品针对的是同一细分市场，就要加快产品开发的脚步，争取先入为主的占领细分市场。加快产品开发可以借助CAD(计算机辅助设计)、CAE（计算机辅助工程）、CAM（计算机辅助制造）、CAPP（计算机辅助工艺）等技术，或者在开发流程上采用先进的管理理念（如并行设计）来实现产品的敏捷化生产和柔性生产。但需要强调的是：加快产品开发速度绝不能以损害产品质量为代价。

6. 掌握科技发展动向

重视新科技对于产品开发的影响。新科技的发展能够带动"技术驱动式"的产品革新。当科技在某个环节有了重大突破时，就应当考虑进行新产品的研发，占得市场先机。

例如，2009年4月，美国PureDepth公司宣布研发出改进后的裸眼3D技术——MLD（multi-layer display多层显示），这种技术能够通过具有一定间隔的相互重叠的两块液晶面板，实现在不使用专用眼镜的情况下，观看文字及图画时也能呈现3D影像的效果，如图5-4所示。这种裸眼3D技术对于传统2维屏幕产品是一种颠覆，很多企业也开始着手推出相关的产品，如东芝成功开发裸眼3D电视，在市场上大获成功。

图5-4　裸眼3D技术

5.1.3　产品开发设计的基本思路

产品开发可以分为宏观和微观两个方面。宏观是指产品开发的策略；微观是指产品开发的具体实施方法。在产品开发前首先应该进行开发策略选择，在策略的指导下再进行开发团队的组建和具体设计的实施。

图5-5所示为产品开发设计程序示意图，产品自上而下的开发设计程序为从市场需求——市场分析——产品开发策略——产品概念设计——产品造型设计\产品结构设计——产品方案定稿——样机试制——试销——正式投产上市——市场反馈。

新产品开发其最终目的是为了产品能有好的销量从而为企业创造利润，增强企业的实力。因此新产品开发应当以市场需求为导向，以用户需求为设计出发点。这样才能设计出符合市场需求和用户需要的产品。然而仅仅只符合这些条件离产品开发成功还有很大的距离。人们在进行实际的产品开发之前还应当根据自身的情况、市场的环境和竞争对手的情况来制定产品开发的策略，这样能够增加产品开发的成功率。常用的策略有：

（1）先入为主式策略。先入为主式策略是指企业所开发的产品能够率先进入细分市场。人们有这样一种观念，最早出来的产品才是正宗的，后面跟进的产品都是对其进行仿造的，质量上和品牌上都存在差距。这也就是人们常说的"先入为主"的观念。因此如果有条件，应当率先占领市场，从产品的认可度上占得先机，引导消费者的品牌偏好。如果有竞争企业跟进，就需要不断的对产品进行升级改良，后进入的产品就只能疲于追赶，无法形成正面竞争。这样不仅能够给企业带来丰厚的利润，而且能拉动竞争者进行被迫的新产品更新，从而蚕食其利润空间。

如乔布斯领导的苹果公司创造了平板电脑"ipad"（图5-6），在全球引起平板电脑的风潮。众多企业跟风而上，其中也不乏具有实力的电子巨头。虽然其他企业所生产的平板电脑从质量、功能用户体验等各方便与ipad不相伯仲，但消费者并不买账，销售业绩远不如ipad。

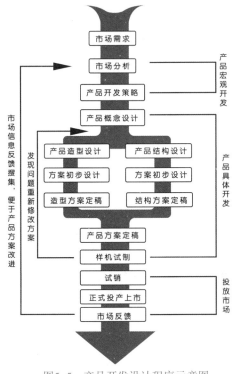

图5-5　产品开发设计程序示意图

图5-6　苹果公司生产的ipad

先入为主策略适合有实力的"稳健性企业"，要求企业不仅能够对市场做出理性的分析和具有前瞻性的判断，而且需要能够在前期研发中投入足够的资源，保证产品进入市场的速度。当企业与竞争对手形成了竞争关系后，便能持续的更新升级，从而守住自己产品的优势地位。如果自己的产品没有核心技术，缺乏绝对竞争力，而且缺乏后期的研发投入，就很有可能被有实力的企业采用模仿策略轻松超越。

（2）跟进式策略。先入为主会占有竞争的主动，但中小企业由于经济实力和科研投入等问题难以实施先入为主的产品开发策略。在竞争对手的新产品进入市场后可以采用模仿跟进的策略来分一杯羹。跟进时，在模仿先入产品的基础之上应当有所创新和提高，否则很容易成为消费者眼中的"山寨"产品。

跟进式策略的优点一是能够绕过前期数额巨大的科研投入；二是可以避免由于消费者对于新产品认可度不高而带来的市场风险。缺点是品牌认可度不高，会被认为是先入为主产品的模仿，对于产品的品质会产生怀疑。

如九阳豆浆机是家用豆浆机的开创者，让消费者在家就能很容易的制作出香浓可口的豆浆，一时间风靡全国，获得了巨大的经济效益。其他家电品牌也纷纷效仿推出各种功能的家用豆浆机，不仅可以制作豆浆还能制作米糊、果汁，丰富了产品系列，形成了百花齐放的市场格局，在家用豆浆机细分市场中均有获利。但九阳豆浆机的产品认可度已经形成，因此其市场统治地位一直没有被后跟进者动摇。

（3）系列化的产品开发策略。开发产品需要投入大量的资金，而且会面临市场的风险。因此在开发成功一个产品后可以在此基础上进行产品系列的拓展。不仅可以借助原有成功产品的影响力助推新产品的销售，而且可以避免市场风险，减少新产品的研发投入。如果系列产品开发成功还能够增加消费者对于该品牌的美誉度，助推下一代新产品的销售，形成良性的市场循环。

在选择不同策略的基础上，企业应根据具体情况选择相应的产品开发机制，产品开发策略如表5-1所示。

表5-1　产品开发策略

产品开发策略	产品开发策略内容
独立研发	企业如果具有足够的资金和合理的科研团队可以考虑独立进行产品研发。
合作研制	将公司的优势力量与科研机构或者高等院校进行合作，共同开发新产品。
技术引进方式	通过购买或者引进国外或国内科研机构的核心技术，再结合企业自身的实际情况进行产品开发，以弥补企业缺少科研力量的缺陷。
技术引进与独立研发相结合的方式	这种方式适合于企业内部具有研发力量但不足以进行独立开发新产品的企业，可将具有科技含量的技术引进，再与企业内部的研发力量进行结合，开发出符合企业市场规划的新产品。
逆向式的产品开发	这种开发方式是根据市场已有的成熟产品进行逆向式的产品开发，吸取原有产品的精髓，改进产品所存在的不足。这样就能绕开开发成本和市场风险，迅速获取利润。

以上是宏观角度的产品开发思路，在宏观思路的指导之下可以进行具体的产品研发。具体来讲一般要要经历以下阶段：市场调研、产品概念设计、产品初步设计、方案定稿、样机试制、试销、产品量产、正式上市和市场反馈。

5.1.4　产品开发设计的程序类别

产品开发设计中所包含的环节非常多，这些环节所进行的先后顺序称之为产品开发设计程序。企业可以根据自身的条件、开发项目的特点等因素选择具体的产品开发设计程序。企业经常采用的产品开发设计程序大体可以分为三种。第一种是串行程序设计；第二种是并行程序设计；第三种是自由组合式程序设计。

1. 串行程序设计

串行程序设计是指产品开发设计的各个环节按照逻辑先后顺序进行，一个部门的工作完成后交予下一个部门来完成，如图5-7所示。

串行程序设计的好处是能够确保新产品开发设

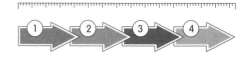

图5-7　串行程序设计示意图

计过程中可能出现的问题或难点，都在事前经过详细的评估和修正，因此风险控制力较强。

串行程序设计虽然可控性非常强，但其缺点也很明显，其具体表现为

（1）所付出的时间与成本相对比较高；

（2）模式的弹性与灵活性相对较低；

（3）各下游开发设计部门所具有的知识很难参与到早期的设计之中；

（4）各部门的评价标准差异和认知差异会降低整体开发的效率；

（5）部门之间沟通不畅，重复劳动过多。

一般在市场情况变化不大，企业组织比较完备，产品开发有充足的时间和资源支持下，对那些不确定因素较高的全新产品，这是较常采用的开发设计模式。

2. 并行程序设计

串行程序设计的最大缺点就是开发周期长，当今的市场竞争非常激烈，市场商机稍纵即逝。如果开发周期过长就会错过最佳产品投放时机，从而造成产品开发的失败。为了弥补串行程序设计所存在的缺点，企业往往会采用并行程序设计。

并行程序设计强调各阶段各领域专家共同参加的系统化产品开发设计方法。强调授权与学习的组织特色，并以有关部门的人员整合成的独立项目团队的方式来运作。其目的在于将产品的设计和产品制造的可行性、可维护性、质量稳定性等个方面问题通盘进行考虑，减少各个设计环节的孤立性，避免不合理因素的影响，通过组织和协调尽最大可能将所有程序并行，以缩短开发时间，如图5-8所示。

并行程序设计的主要思想包括：

（1）设计时同时考虑产品生命周期的所有因素；

（2）设计过程中各活动并行交叉进行；

（3）不同领域技术人员的全面参与和协同工作；

（4）高效率的组织协调。

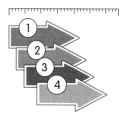

图5-8 并行程序示意图

并行工程的内涵是利用计算机的数据处理、信息集成和网络通信，发挥参加人员的集体力量和团队精神，将新产品开发研究设计和生产准备的各种工程活动尽可能并行交叉地进行，以缩短周期，提高质量。并行工程原理看似简单，但要实施却会遇到很多问题，需要信息化技术作为辅助支撑。并行程序设计的主要支撑技术有以下几种：

（1）计算及辅助4C系统（CAD、CAE、CAPP、CAM）。计算机辅助设计（CAD）是指利用计算机及其图形设备帮助设计人员进行设计工作。计算机以其高速的计算性能及针对性的功能设计，简化设计人员的工作量；在计算机的帮助下设计人员可以快速的检索、查询、修改设计信息。当设计者的方案构思完成后可以由计算机非常方便的完成草图到成稿的全部过程。并在各个环节之间形成联动，方便设计人员对设计方案进行判断和修改。

计算机辅助工程（CAE）是指用计算机辅助求解复杂工程和产品结构强度、刚度、屈曲稳定性、动力响应、热传导、三维多体接触、弹塑性等力学性能的分析计算以及结构性能的优化设计等问题，是一种近似数值分析方法。CAE是分析连续力学各类问题的一种重要手段。随着计算机技术的普及和不断提高，CAE系统的功能和计算精度都有很大提高，各种基于产品数字建模的CAE系统应运而生，并已成为结构分析和结构优化的重要工具。

计算机辅助工艺过程设计（CAPP）是指借助于计算机软硬件技术和支撑环境，利用计算机进行数值计算、逻辑判断和推理等的功能，来制定零件机械加工工艺过程。借助于CAPP系统，可以解决手工工艺设计效率低、一致性差、质量不稳定、不易达到优化等问题。

计算机辅助制造（CAM）的核心是计算机数值控制（简称数控），是将计算机应用于制造生产过程的过程或系统。CAM可分为快速成形（Rapid Prototyping，RP）和数控机床（CNC）。关于RP和CNC的相关知识本文有详细介绍，这里就不再赘述。

（2）反向工程。反向是针对正向而言的，正向工程是指先有设计数据再有实物。而"反向"工程是指直接从模型或实物获得数控加工数据，再通过数控加工的几何数据生成零件图纸的一种技术。反向工程可以将手工产品甚至艺术品在短时间内加以复制，进行批量生产。近年来出现的数字化描形系统是反向工程中的关键技术。

（3）快速出样技术。快速出样技术又被称为快速原型制作，是在CAD／CAM技术支持下，采用粘结、熔结、聚合作用或机械加工等手段，通过CAM设备快速将数字模型制作成实物零件的技术。快速出样技术可以帮助实现产品的柔性化设计和敏捷化设计，也可以在产品开模之前检查产品的合理性，避免造成大的浪费。在并行程序设计中，快速出样技术所制作出的模型可以作为各部门沟通交流的重要依据。

（4）虚拟产品制造与虚拟产品开发。虚拟技术可以对想象中的制造活动进行仿真，它不消耗现实资源和能量，所进行的过程是虚拟过程，所生产的产品也是虚拟的。虽然整个过程都是虚拟的，但是虚拟的过程是基于对于现实的仿真，因此结果是具有可参照性的。并行程序设计过程中各部门可以将自己所做的工作在虚拟环境下进行配合、调试，从而协调各部门的工作，避免出现各部门的工作独自成立但又无法配合的情况出现。虚拟技术的出现为并行程序设计的实现提供了重要的技术支持。

（5）全面质量控制体系。全面质量控制体系（Total Quality Management，TQM）是指建立质量管理的全局观，以宏观的角度要求企业中所有部门、所有组织、所有人员都以产品质量为核心，把专业技术、管理技术、数据管理统计技术集合在一起，建立起全面科学有效的质量保证体系，控制生产过程中影响质量的因素，以最经济的办法提供满足用户需要的产品的全部活动，以产品质量控制来实现企业的规划目标。其特点是全面控制产品设计和生产中的质量因素，全过程的质量监控和管理，全员参与的质量管理。

通过建立全面质量控制体系可将并行程序设计各部门工作进行控制，通过全程的质量控制来实现最终产品质量的可靠性。全面质量控制下所生产出的产品在使用过程中故障率低，可降低返修率。在达到报废期后各零件同时报废，使消费者重新进入市场消费环节，以此来增强市场活性。

3.　自由组合式程序设计

这种企业允许各种类型的产品开发程序，只要有成功的机会，企业将放任各部门或各成员独立地自由组合来进行产品研发，除非遇到失控或需要使用大量资源的情况（图5-9）。这种开发模式适合需要开放性思维的企业，如游戏公司、设计公司等。

图5-9　自由组合式程序设计示意图

这种产品开发方式的优点非常鲜明，不会因为任何形式的程序，而限制新产品开发设计的机会与效率，通过充分的放权来激发个人创意的潜力，运用得当会有出人意料的效果。但自由组合式程序设计也是一柄双刃剑，由于没有有效的组织纪律约束，企业将会付出较多无效率的工作的代价。

5.2 产品开发设计的程序与方法

新产品开发是一项极其复杂的工作,从根据用户需要提出设想到正式生产产品并投放市场为止,其中经历许多阶段,涉及面广、科学性强、持续时间长,因此必须按照一定的程序开展工作。只有这些程序之间互相促进、互相制约,才能使产品开发工作协调、顺利地进行。产品开发程序是指从提出产品构思到正式投入生产的整个过程。产品开发设计可以分为三个阶段。

(1)设计阶段:市场调研、产品概念设计、产品初步设计、方案定稿、样机试制;

(2)生产阶段:模具制作、产品量产;

(3)投放市场:试销、正式上市和市场反馈。

由于行业的差别和产品生产技术的不同,特别是选择产品开发方式的不同,因此新产品开发所经历的阶段和具体内容虽然不完全相同,但其主要环节却是相同的。由于篇幅的限制本节仅对产品开发设计中的"设计阶段"所包含的内容进行介绍。

5.2.1 市场调研与分析

企业的市场部门平时需要搜集大量的市场信息,这些信息应当做到客观准确,以便企业决策者能够从中发现市场空白,提炼出用户需求,从而做出产品研发的判断。在产品研发初步方向确定后,市场部门还需要有目的地搜集具体信息,方便决策者对于初步判断进行深入分析,从而检验最初产品研发定位的准确性。

1. 市场调研的内容

除了传统的市场研究内容外,工业设计行业还会要求调查一些不同的内容,作为对科学化的、以数理统计为基础的传统市场研究方法的补充。其信息搜集的侧重点倾向于以下几个方面:

(1)人口环境。人口环境包括人口数量、家庭户数及其未来变化的趋势、各年龄段人口数量和比例。人口变化对产品的定位和市场决策有重大影响。

例如,2007年被渲染成中国60年一遇的金猪年,因此大量的年轻父母选择在这一年生育,希望生个金猪宝宝。尼尔森的研究报告称:预计2007年中国母婴产品销售额能达到7500亿元规模,仅奶嘴、奶瓶的销售额就高达350亿元左右。

(2)经济因素。经济的发达程度,影响着该地区消费者的购买能力和购买欲望,因此经济发达程度决定新产品的市场定位,并对产品开发决策起着重要的引导作用。在常规的市场调查中常见的经济指标有:国内生产净值(Gross Domestic Product, GDP),社会商品零售总额及人均社会商品零售额,居民存款余额及人均存款余额,居民人均年收入。

奢侈品已经全面进军中国,图5-10所示为奢侈品牌汇诗丹顿——1200万人民币的手表。日本内阁2010年2月14日公布了2010年日本国内生产总值(GDP)为54742亿美元,而中国的GDP为58786亿美元,这意味着中国首次超过日本,成为世界第二经济大国。经济实力格局的改变带动消费的改变。国际知名咨询机构贝恩顾问有限公司与意大利奢侈品生产者协会在2010年5月合作发布全球奢侈品市场报告显示,2010年全球奢侈品市场规模达1720亿欧元(2540亿美元),中国已经超过日本成为全球第二大奢侈品消费国。

图5-10 奢侈品牌江诗丹顿-1200万人民币的手表

（3）社会文化。社会文化影响着人们的生活方式、价值观念和消费习惯，是社会生活中深层次的部分，从根本上决定着市场的格局。在崇尚节俭的社会风气影响下，以最低的价格换取功能或者质量的最大化是市场价值的体现。这就要求产品要降低成本，降低售价，以满足消费者的市场需求。在物资极大丰富的消费人群中会形成特殊的分众市场，在这一市场中产品功能和质量只能作为满足用户需求的最低保证，用户在选择产品的时候更多的是考虑用户的体验和使用产品时所带来的附加价值，如社会地位的体现、自我价值的实现等。

（4）科学技术。科学技术的进步是促进新产品出现、老产品消亡的最决定性的原因。新技术的出现可以使一个默默无闻的小企业一夜之间成为商业巨头，也可以让商业帝国瞬间崩塌。

作为胶片时代当之无愧的霸主，柯达是全球为数不多的百年老店之一。在胶卷摄影时代，柯达曾占全球2/3市场份额，130年攒了1万多项技术专利。在巅峰时期，柯达的全球员工达到14.5万。它吸引了全球各地的工程师和科学家前往其纽约州罗彻斯特市的总部工作，很多专业人士都以在柯达公司工作为荣。但进入数字时代后，柯达却固守自己的胶片市场，不思改变。2007年柯达传统影像部门的销售利润就从2000年的143亿美元锐减至41.8亿美元，跌幅达71%。2012年1月19日美国伊士曼柯达公司宣布已在纽约州申请破产保护。富有戏剧性的是打倒这个巨人的竟然是自己的一个发明。1975年，美国柯达实验室研发出了世界上第一台数码照相机，但由于担心胶卷销量受到影响，柯达一直未敢大力发展数码业务。这不思改变的决策最终导致柯达帝国的破产。图5-11所示的概念数码相机便是科学技术进步产生的新产品，它促使了胶片时代的终结。

2. 市场细分

市场细分是20世纪50年代中期提出的概念，在此之前企业认为消费者是无差别的。生产的产品针对的是市场上所有的消费者，认为只有将市场定位最大化才能获取最大的经济收益。在物资匮乏的市场时代，这种笼统的销售哲学确实为企业带来了巨大的收益。但随着经济的发展和市场竞争的加剧，企业的利润受到冲击。这时企业不得已将市场进行细分，进行精细化营销，为单独的市场进行分渠道的宣传和营销，以这样的方式在竞争激励的市场中将自身的利润最大化。市场细分如今已经成为企业营销的共识，市场被进行了细致的划分，企业都在市场这块大蛋糕上寻找着属于自己的那一块。

图5-11 概念数码相机

图5-12 奔驰A0级轿车Smart

例如，德国的奔驰汽车主要针对的目标消费人群是高端商务领域的成功人士或者政府要员，对于普通民众一直没有适销的车型。最近奔驰针对时尚白领这一细分市场又推出了Smart这一微型车，使得奔驰的受众领域得以拓宽，如图5-12所示。奔驰Smart品牌负责人Mr. Jenson对于Smart的受众人群有这样的描述：Smart的目标消费人群有四组，第一组是买第一辆车的，他觉得物有所值就买了；第二组是整天在城市里生活，有可能在没有Smart的情况下，他根本就没有想到要买一辆车，但看到Smart很酷就买了一辆；第三组是买第二、三辆车的人，因为Smart在城市里运行是非常便利的，所以一周7天都在开Smart；第四组就是大家所谓的空巢，这个家庭基本都是老年人，60岁、70岁，对他们来讲也是第一次买车，买的就是Smart。定位的准确使Smart在市场中得到追捧。

常见的市场细分的标准有以下几种：

（1）地理因素。由于生活习惯、生理特点、社会文化的差异，不同地域的消费者会显示出不同的消费观念。对于市场细分来说地理因素是一个重要的细分标准。但同一地域的消费者也会显示出千差万别的需求，因此地理因素只能作为其中一个衡量标准。在此基础之上还需要考虑其他的因素，如性别、年龄、收入等。

（2）人口统计因素。人口统计不仅包括人员数量还包括很多其他因素，其中性别、年龄、教育程度、职业、家庭规模是最常用的市场细分因素，如表5-2所示。消费者对于产品的需求往往与人口统计因素有密切关系。

表5-2 人口统计因素

人 口 统 计 因 素										
性 别		年 龄 段					收 入 水 平			人口统计单位
男	女	婴儿市场	青少年市场	青年市场	成年人市场	老年人市场	低收入	中等收入	高收入	个人	家庭

（3）心理因素。心理因素的细分是建立在价值观念和生活方式基础上的。心理特征和生活方式是新环境下市场细分的一个重要维度。由于经济基础和教育环境等因素导致消费者的消费心理存在很大的差异。心理状态直接影响着消费者的购买趋向。在经济收入较低的消费人群中，以最优惠的价格获取最大的功能，是这一人群对于价值的认同。但在比较富裕的社会中，顾客购买商品已不限于满足基本生活的需要，心理因素左右购买行为较为突出。在物质丰裕的社会，需求往往从低层次的功能性需求向高层次的体验性需求发展，消费者除了对商品的物理功能外，对于品牌所附带的价值内涵和社会地位体现也有所要求。

3. 定位目标市场

企业在细分市场后，需要对各个细分市场进行综合评价，并从中选择有利的市场作为市场营销对象，这种选择确立目标市场的过程叫做定位目标市场。

企业要开发一款新的产品需要付出一定的成本代价，因此目标市场的选择就需要有足够的潜量，如果市场潜量小或者竞争过于激烈就有可能造成产品开发失败。进行目标市场定位，必须首先对要选择的细分市场进行经营价值的评价，细分市场必须是可测量的，这就是说，细分出的市场规模（人口数量）、购买力、使用频率等都是可测量的，必须用切实的数据作为参考，凭感觉做出的决策才可能会造成巨大的损失。

（1）估计该细分市场的市场规模和市场潜量，图5-13所示的市场规模和市场潜量是随着推销努力而不断地增加。

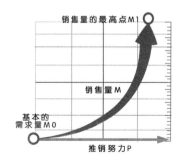

图5-13 市场规模和市场潜量

在选择细分市场时应该进行市场潜量的预估，如果市场潜量能够达到预估值就可以进行产品的研发及营销，相反就要调整开发计划，避免造成大的损失，详见表5-3。

表5-3　市场规模等相关概念

概　念	解　　　释
市场规模及预测	将过去一年的市场需求称为市场规模，而将未来一年的市场需求称为市场需求预测。
市场销售预测值	在一定的环境条件下，产品投放市场后，人们即使不进行任何推销努力，产品在市场上也会有一个基本的需求量M_0，称为市场需求最低点；而当人们做了推销努力后，市场需求就会增长，如果人们设定一个预期的推销努力P，那么就能得到一个相应的销售量M，称为产品销售预测值。
市场潜量	销售量的增长并不是随着推销努力的增长而呈直线增长，当推销努力增加到一定数量后，市场销售量的增长逐渐变缓，到达销售量的最高点M_1，称为市场潜量。市场潜量包括该类产品的现实需求和潜在需求。

（2）估计企业在该市场上可能获得的市场占有率。企业应当评估细分市场中竞争对手的情况，在一般情况下，企业应该选择竞争者比较少的目标市场，或者相对于竞争对手自身具有明显优势，这样企业才会有较大的利润空间。

（3）核算成本和利润，看看能否盈利。利润是企业的终极目标，因此选择目标市场时，必须进行详尽的调查和考核。企业只有科学严谨的对细分市场做深入细致的考核后，才能结合自身特点，决定是否选择这一细分市场。

4．目标市场的确定方法——反义概念框架图法

这项作业首先是从收集相关产品样本资料开始，样本覆盖面要全，数量要足够多，这样调查分析才有参考价值。将各种产品的功能和用途进行分类。就功能和用途设定几个能够涵盖市场倾向的关键词，并以其为基准将产品进行分类。实际做法是：

（1）使用李克特（Likert）量表对于被调查的产品样本进行属性定位，被调查对象可以选择有代表性的目标消费者来进行。被调查者在符合自己感受的选项下划勾，如图5-14所示。

（2）建立一个由X轴和Y轴构成的概念框架（图5-15），分别在X轴和Y轴两端配置反义关键词。这样便可以对产品分布情况进行比较分析，从而掌握市场倾向。

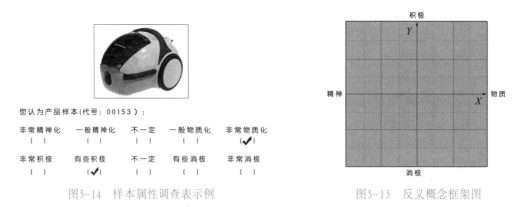

图5-14　样本属性调查表示例　　　　　图5-15　反义概念框架图

（3）将处理后的被调查样本放入反义概念框架中，观察现有产品的属性分布，并寻找市场空白。

这种方法在市场细分中广为应用。图5-15中产品分布越接近上下左右的位置，属性就越明确，越接近中心位置，属性就越模糊。

为了正确把握产品的市场特性，要设定不同的关键词，以对X轴和Y轴上的关键词进行置换。例如，在X轴上设定"精神"和"物质"关键词，在Y轴上设定"日常"和"非日常"关键

词（图5-16）。

如果样本在坐标中分布均匀，就说明在这一细分市场中竞争激励，可以尝试更换一组反义关键词"消极"和"积极"。重新对样本进行调查并将结果放入坐标之中，再观察样本的分布情况（图5-17）。如果坐标中出现了明显的空白区域，就说明在这一细分市场中竞争较少，存在市场空白。

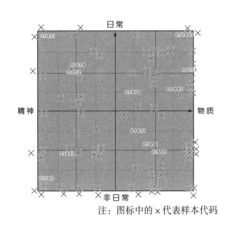

图5-16　将样本放入反义概念框架图

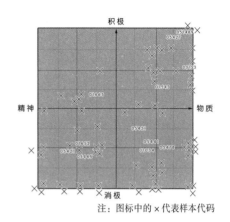

图5-17　更换反义关键词

5.2.2　产品设计的定位

新产品定位与市场调研息息相关。市场是一群有具体物质需求且具有相应购买力的消费者集合，因此，市场调研可以直观地理解为对把产品卖给谁这一问题进行定位，即发现目标市场在哪里;而新产品定位则更多的是研究对人们生产什么产品来卖给目标消费者这一问题的定位。

有很多人对产品定位与市场定位不加区别，认为两者是同一个概念，其实两者还是有一定区别的，具体来讲，目标市场定位（简称市场定位）是指企业对目标消费者或目标消费者市场的选择；产品定位是指企业用什么样的产品来满足目标消费者或目标消费市场的需求。从理论上讲，应该先进行市场定位，然后再进行产品定位。产品定位是目标市场的选择与企业产品结合的过程。

一般来讲，新产品定位应该包括的基本内容如图5-18所示。在新产品定位时，决策部门一方面需要结合市场部门所提供的信息，另一方面还需使用主动调查的手段，如用户观察、调查问卷等。

图5-18　新产品定位

1. 用户观察和访谈

对用户使用现有类似产品的情况进行敏锐的现场观察或通过对用户的访谈，了解用户如何执行特定的任务，并记录整个工作过程，分析产品在使用过程和使用环境中存在的问题，确定用户需求，其所采用的技术手段有文字记录、拍照、录音、录像等。

2．问卷调查

问卷调查也是一种常用的数据采集技术，问卷调查的设计的基本原则是：主题明确、问题目的明确、重点突出、结构合理，如图5–19所示。

问题的设计顺序合理，符合应答者的思维程序。一般是先易后难、先简后繁、先具体后抽象，以易于理解。提问通俗易懂，符合调查对象的认知能力，便于数据的分析、整理和统计。调查问卷中问题的主要形式有：

（1）开放式问题。开放式问题又称无结构的问答题，允许用户用自己的语言自由地发表意见，在问卷上没有拟定好的答案。

（2）封闭式问题。封闭式问题又称有结构的问答题。封闭式问题与开放式问题相反，主要规定了一组可供选择的答案和固定的回答格式。主要有以下几种形式：

单项选择式：回答是与不是。

多项选择式：提出问题，用清单形式列出供选择的答案，从中选择多项。

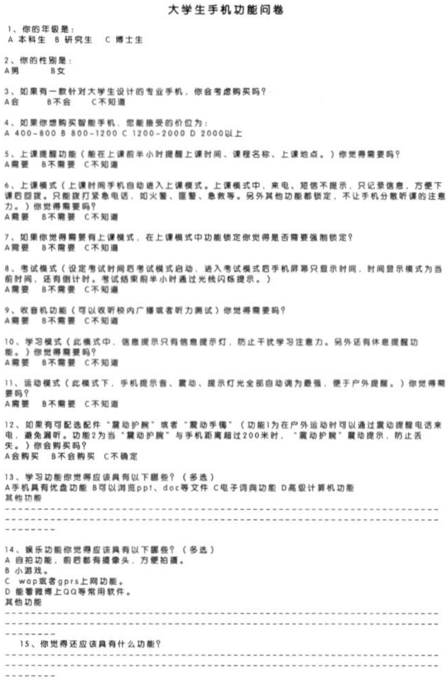
大学生手机功能问卷

1、你的年级是：
A 本科生 B 研究生 C 博士生

2、你的性别是：
A男 B女

3、如果有一款针对大学生设计的专业手机，你会考虑购买吗？
A会 B不会 C不知道

4、如果你想购买智能手机，您能接受的价位为：
A 400–800 B 800–1200 C 1200–2000 D 2000以上

5、上课提醒功能（能在上课前半小时提醒上课时间、课程名称、上课地点。）你觉得需要吗？
A需要 B不需要 C不知道

6、上课模式（上课时间手机自动进入上课模式。上课模式中，来电、短信不提示，只记录信息，方便下课后回拨。只能拨打紧急电话，如火警、匪警、急救等。另外其他功能都锁定，不让手机分散听课的注意力。）你觉得需要吗？
A需要 B不需要 C不知道

7、如果你觉得需要有上课模式，在上课模式中功能锁定你觉得是否需要强制锁定？
A需要 B不需要 C不知道

8、考试模式（设定考试时间后考试模式启动，进入考试模式后手机屏幕只显示时间，时间显示模式为当前时间，还有倒计时。考试结束前半小时通过光线闪烁提示。）
A需要 B不需要 C不知道

9、收音机功能（可以收听校内广播或者听力测试）你觉得需要吗？
A需要 B不需要 C不知道

10、学习模式（此模式中，信息提示只有信息提示灯，防止干扰学习注意力。另外还有休息提醒功能。）你觉得需要吗？
A需要 B不需要 C不知道

11、运动模式（此模式下，手机提示音、震动、提示灯光全部自动调为最强，便于户外提醒。）你觉得需要吗？
A需要 B不需要 C不知道

12、如果有可配选配件“震动护腕”或者“震动手镯”（功能1为在户外运动时可以通过震动提醒电话来电，避免漏听。功能2为当“震动护腕”与手机距离超过200米时，“震动护腕”震动提示，防止丢失。）你会购买吗？
A会购买 B不会购买 C不确定

13、学习功能你觉得应该具有以下哪些？（多选）
A手机具有优盘功能 B可以浏览ppt、doc等文件 C电子词典功能 D高级计算机功能
其他功能

14、娱乐功能你觉得应该具有以下哪些？（多选）
A 自拍功能，前后都有摄像头，方便拍摄。
B 小游戏。
C wap或者gprs上网功能。
D 能看微博上QQ等常用软件。
其他功能

15、你觉得还应该具有什么功能？

图5–19 调查问卷案例

（3）李克特（Likert）量表形式：李克特量表是问卷设计中运用十分广泛的一种量表，其两极表示赞成或否定，中间分成若干级别，以充分体现其差异。如：完全同意，同意，不一定，不同意，完全不同意。

由于问卷调查需要处理大量的数据，人工统计非常繁琐，因此可以使用统计软件“spss”来辅助进行数据统计，从而分析出所需要的信息（关于数据分析可查阅数据统计的相关书籍）。

5.2.3 概念的产生与设计

产品的市场定位确定后需要进行概念设计，所谓产品概念是指产品设计所需达到的目标，比如产品总体性能、结构、形状、尺寸和系统性特征参数的描述。概念设计是对设计目标的第一次结构化的、基本的、粗略的，但却是全面的构想，它描绘了设计目标的基本方向和主要内容。

市场需求是产品概念设定的出发点，产品概念来自于市场有关的几个方面：用户、销售者、科技人员、中间商人、企业生产人员和管理人员，乃至竞争对手。概念设计是由分析用户需求到生成概念产品的一系列有序的、可组织的、有目标的设计活动，它表现为一个由粗到细、由模糊到清晰、由具体到抽象的不断进化的过程。最终产生的产品概念需用明确的形容词进行描述，以便产品设计能够达到有的放矢,如外观颜色红色，倒角圆滑等。

概念产品设计是决定设计结果的最有指导意义的重要阶段，也是产品形成价值过程中最有决定意义的阶段。它需将市场运作、工程技术、造型艺术、设计理论等多学科的知识相互融合、综合运用，从而对产品做出概念性的规划。图5–20所示为产品概念结构树。

1. 产品概念设计所包含的内容

产品概念设计所包含的内容主要体现在以下几个方面：

（1）产品的功能描述。产品的功能包括主要功能、次要功能和辅助功能。任何一种产品都有功能多样性、多重性和层次性的区分。如手机的主要功能是通话和短信，辅助功能是看时间、玩游戏等。另外产品的功能是多层次的，除了产品本身的功能外还包括附加功能，如社会功能，手机的档次能体现使用者的品味和身份等。

（2）产品的形态、结构描述。产品形态设计是行业共性和设计师个性思维的结合，这个阶段如果以设计师为主导，缺少量化操作的方法，其结果就会难以预测。因此应当通过一定的方法对产品形态进行限定，让设计师在工艺和市场允许的范围内进行设计，这样既发挥了设计师的创造力，又不至于天马行空，使设计出的产品无法满足市场的需求。

产品形态因素的描述如表5-4所示。

表5-4　产品形态因素

产品形态因素	描　述　内　容
风格取向	确定一种风格，或传统或现代，或简或繁，或中式或西式，或本土或异域，或朴实或奇丽。
造型特色	造型特色与风格有许多相通之处，然而在造型手法上却可以各有特色。
装饰形式	无论传统或现代产品，当今都需要采用一定的装饰形式和装饰手法进行装饰。如色彩、肌理、纹样等，如何装饰是形态构想的重要内容。
材料选用	在概念设计阶段，应基本确定产品所用基材、表面装饰材料、辅助材料等。并对其性能和档次进行具体的设定。

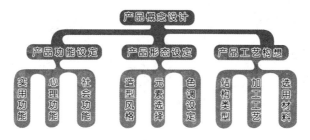

图5-20　产品概念结构树

2. 产品概念设计所使用的方法

产品概念包括功能概念和形态概念，功能概念可以使用"情节分析法"。

已经有很多人在探索将讲故事应用于工业设计中，将产品开发过程故事化，即情节分析法。对产品设计进行定位首先应当明确目标用户的需求。确定这种需求通常采用情节分析的形式。在确定目标用户的基础上，通过情节分析描述的方式来进行浸入式思考，并从中提炼出产品的需求，并把需求转化为产品设计的概念。一般来讲情节分析描述可包含如下内容：

（1）人物角色：目标用户。

（2）做什么：用户需求。

（3）如何做：采取的行为。

（4）时间和空间：在什么时候和什么环境下做这件事。

情节分析法的表现形式可以是绘画或者文字剧本描述等。不论是哪种形式首先都应设定角色，角色设定要全面、具体，这样才能从不同的角度深入地思考用户需求，如表5-5所示。

表5-5   情节分析法人物设定

姓　名	王*	李*	张*
使用环境	教室	宿舍	图书馆
性别	男	女	男
年龄	19	20	25
教育	本科在读	本科在读	研究生在读
年级	大一	大二	研二
性格	外向 活泼好动 约束力差	内向 文静 爱美	内向 沉稳 学术型 喜欢户外运动
爱好	上网 网络游戏 打球	自拍 写文章 喜欢玩微博	写文章 喜欢英语 喜欢打球 运动

根据用户设定分别进入浸入式的思考，具体的表现形式可以是剧本式的文字描述（见表5-6）；也可以是照片或者漫画式的分镜头（图5-21）。根据用户使用产品的情景描述提取用户需求。

图5-21   分镜头式的情景描述（键盘概念设计）

表5-6   剧本式的文字描述

场景	情　景　描　述	需 求 提 取
1	王*在宿舍里将手机连接上电脑，通过电脑里手机自带的软件将课表输入到手机里。	通过手机软件将课表信息输入手机。
2	刚输入完宿舍就停电了，王*洗漱完毕躺在床上通过手机wap上网，并将微博上的有趣新闻念给舍友听。辅导员在门外敲门说早点睡觉，于是王×定好闹表，关上手机睡觉。	wap上网功能。 能看微博，上QQ等常用软件。 闹表功能。
3	第二天早晨，王*被手机震动叫醒，由于是震动所以没有影响舍友休息，王×关上手机闹表，开始洗漱并开始晨练。	闹表可以选择震动模式，避免吵到舍友。
4	7:30晨练完毕王*回到宿舍，这时手机响了，手机上虚拟形象提示了一条信息"8:00产品造型设计课 2教404"原来是课程提醒功能。王×匆匆吃了早饭带上手机向教室走去。	手机由于内置课表信息，于是能在上课前半小时提醒。 手机UI卡通化，符合学生追求时尚的心理。
5	上课时，王*的网瘾又开始犯了，他偷偷拿出手机准备用wap上网，这时他发现手机上出现了一个虚拟形象提示"现在是上课时间请认真听讲！"原来是手机的上课模式自动启动了。在上课期间手机只能拨打紧急电话，其他功能全部锁定，而且是强制锁定，不能解锁。不能用手机了，王浩又开始认真听课。	上课时间手机自动进入上课模式。上课模式来电、短信不提示，只记录信息，方便下课后回拨。只能拨打紧急电话，如火警、匪警、急救等。另外其他功能都强制锁定，不能解锁。

续表

场景	情　景　描　述	需　求　提　取
6	下课了，王*看到手机上的虚拟形象提示一条信息，"下课了，请注意休息！"王浩看老师正准备关电脑，于是王浩走上讲台利用手机的usb功能将老师的课件拷贝下来。	手机具有优盘功能。
7	回到宿舍，王*突然想起今天上课有个地方没听明白，于是打开手机浏览老师的ppt文件，找到相关章节，仔细得看了起来。	可以浏览ppt、doc等文件。

形态概念描述可以借鉴"前向定性推论式感性工学"中的"语汇层次分级法"（见表5-7）。该方法主要利用层次递推的方法建立树状的相关图，然后推演得设计上的细节。其细节指的是形态设计定语，如边缘光滑，两种颜色等。这样做的目的是使得出的结果要通过设计管理者的认真分析，将消费者所陈述的日常生活用语转化为设计师所能理解的图形、符号、表格等，以此来指导接下来的设计。这样就给设计师设定了设计的边界，设计的形态不至于天马行空，脱离用户的实际需求。

表5-7　语汇层次分级法示例

根语汇	子语汇	二级子语汇	N级子语汇	定　性	描　　述
用户体验良好	UI设计合理	指示明确	信息传达直接，不产生信息异议	功能指示	重点功能操作用文字或图形提示
		反馈恰当	用户操作后会有明确的信息反馈	信息交互	添加屏幕或指示灯来进行信息交互
		构架合理	产品交互架构清晰没有操作死点	信息交互	完善的信息交互层次
	外观统一	形态统一	造型语言一致	产品形态	整体造型弧线为主
		色彩统一	冷色调	产品颜色	蓝色为主色调，白色为辅助色调
⋮	⋮	⋮	⋮	⋮	⋮

通过语汇层次分级法就可以得到以下限定条件：

（1）重点功能操作用文字或图形提示；

（2）添加屏幕或指示灯来进行信息交互；

（3）设定完善的信息交互层次；

（4）整体造型弧线为主；

（5）蓝色为主色调，白色为辅助色调；

……

根据这些限定语汇再进行产品造型设计就能做到有的放矢，提高工作效率。同时又给设计师留出了足够的创意发挥的空间。

3. 概念设计的评估

在产品概念设计的初期会生成大量的概念，但这些概念不可能全部实现，因此有必要进行筛选。在筛选时必须考虑两个重要因素：第一，新产品的概念是否符合企业的目标，如利润目标、销售稳定目标、销售增长目标和企业总体营销目标等。第二，企业是否具备足够的实力来开发所构思的新产品，这种实力包括经济和技术两个方面。在评价时应当避免决策者一言堂的局面。组织结构合理的评估队伍，该队伍应当包括决策者、市场部门、设计部门、加工制造部门、营销部门、顾客代表等。让各部门的人员共同参与评估，站在自己专业的角度和立场提出修改意见，图5-22所示为核心概念的相关部门。使产品概念符合各方面的利益诉求，具体来说有以下几点：

（1）消费者的观点。对于消费者而言，满足需求是他们对新产品最主要的诉求。在满足需求的基础之上还应给用户提供良好的用户体验。

（2）交易中间商的观点。交易中间商关注的是：新产品是否具有市场吸引力与竞争力，能否为中间交易过程创造附加价值。

（3）营销部门的观点。对营销部门而言，产品概念代表的是：能够满足顾客需求的具体产品功能特色的描述。营销人员就是所谓顾客心声的代言人。

（4）研发部门的观点。研发部门较多是从技术观点来描述新产品的内涵特征，他们较重视新技术的采用与产品功能的设计。

（5）生产制造部门的观点。生产制造部门重视产品为零件制造与组合的过程，制造的可行性、质量与成本控制、制造资源能力与产品生产的契合程度等，才是生产制造部门主要关切的课题。

但是在很多时候各部门的利益是冲突的，例如，造型部门在设计产品时，为了追求形态的美感和用户体验的愉悦性，可能会将产品造型设计得非常复杂。而生产加工部门从生产加工的角度出发会希望将产品设计得尽可能的简洁，这就会形成部门间利益的冲突。当不同的利益方发生冲突时，应当寻找其利益的共同处，也就是产品概念设计的核心利益。

在寻找核心利益时应当对利益方的重要程度进行区分。一般的优先级顺序为：顾客需要、交易商需求、投资回报、时间与竞争因素、本身能力，如图5-23所示。

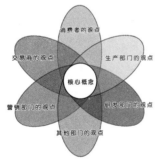

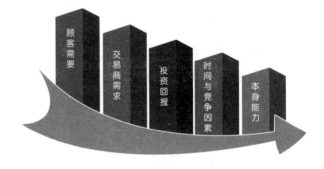

图5-22　核心概念的相关部门　　　　　　图5-23　核心概念利益方的优先顺序

4．产品概念设计的意义

（1）有利于设计分工。产品概念设计有助于新产品开发的合理分工，概念产品由市场部提供信息，产品开发策划部门设定概念后再交由设计部门完成。对于之前没有类似开发经验的新开发项目，这种分工能够明确责任和义务，意义更加明显。

（2）有利于发挥市场部的优势。负责市场调查和新产品开发的策划部门由于长期深入市场，对市场需求较为敏感，能经常根据市场变化做出及时的调整，在信息搜集和把握项目开发方向上有先天的优势。目标设定的准确就相当于项目开发成功了一半，因此市场部门和策划部门在产品概念设定阶段起着非常重要的作用。

（3）有利于提高设计方案的成功率。设计部门所做的工作应当是具有创造性的，设计师应当将才华和发散性思维充分体现在产品的方案之中，这样产品的方案才能具有独特的识别性。但产品设计不等同于艺术设计，它受到来自诸如生产工艺、消费者接受程度、市场喜好等多方面因素的制约。工业设计师就像是带着脚镣的舞者，既要有一定的约束，又要将自己的才华展现出来。产品的概念设计就是对于设计师的约束，而这种约束是有益的，只有在一定的约束下，设计出的产品方案才能变成成功的商品，为企业带来经济利润。

5.2.4 造型设计与结构设计

产品的造型设计与结构设计根据上一步所提炼出的产品概念进行产品的具体化实现。具体包括产品的功能设计、外观设计、人机交互设计、用户体验设计等。这一阶段需要在产品概念的约束下，制作大量的设计方案。将产品功能、形态的可能性最大化实现，使新产品达到最好的状态。在这一环节所做的工作大致包括概念草图绘制、效果图绘制、参数化模型制作、外观手板制作和模具制作等。

1. 草图

进入产品设计环节后第一个工作就是绘制草图，绘制草图分为两个阶段：

（1）第一个阶段绘制的草图是研究性草图（图5-24～图5-28），通常可以将其理解为设计思考的过程。通过简洁准确的线条将设计师的思路进行记录，以便对设计师的想法进行启发和进一步深化。这一阶段的设计思维是发散性的，在产品概念的约束下要尽可能衍生出无数的可能性。这一阶段需要绘制大量的草图方案，以便设计师深入思考，由量变转换为质变，从而设计出比较成熟的方案。

图5-24 研究性草图(1)

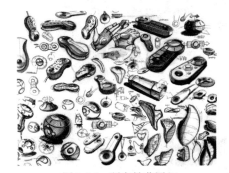

图5-25 研究性草图(2)

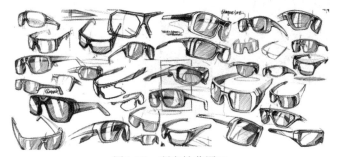

图5-26 研究性草图(3)

图5-27　研究性草图(4)　　　　图5-28　研究的草图(4)（刘传凯绘）

（2）第二个阶段绘制的草图是表现性草图（图5-29～图5-32）。从研究性草图中挑选出重点方案进行深入表现，这时应用严谨的逻辑思维对设计方案进行规整，从而具有可操作性。表现性草图需要考虑功能的实现，结构的合理，用户体验的愉悦，材质的选择等。

表现性草图是设计师进行深入思考的一种手段，同时也可利用表现性草图与其他部门进行交流。因此表现性草图应当清晰易懂，符合透视规律，不出现视觉误差。

图5-29　表现性草图（1）　　　　图5-30　表现性草图（2）

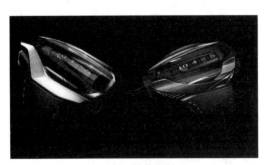

图5-31　表现性草图（3）　　　　图5-32　表现性草图（4）

2. 效果图

草图方案确定后需要制作精细效果图，用于效果演示和方案汇报。产品的效果图按照绘制方法可以分为两种：

（1）手绘效果图（图5-33～图5-36）。早期的效果图主要以水粉材料为主，辅助以气泵、喷笔、模板等工具来完成，但由于绘制起来不方便（占地面积大、携带不方便、噪声较大），因此现在使用的并不是很多。但一些对于手绘有着偏好的企业或者设计师还在坚持这种表现方法。

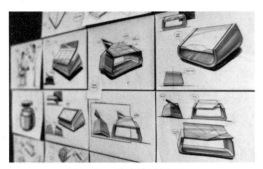

图5-33 手绘效果图(1)

图5-34 手绘效果草图(2)

图5-35 手绘效果图(3)

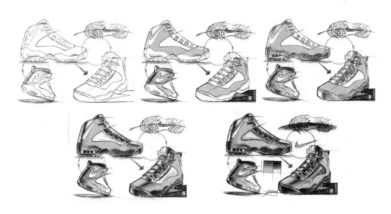

图5-36 手绘效果图绘制过程

（2）计算机辅助绘制效果图。随着计算机技术的发展，出现了很多绘制效果图的软件。设计师通过一些常用设计软件，比如3Dmax、Photoshop来表现出精美逼真的产品效果。

计算机效果图分为两种形式：一种是二维计算机效果图，一种是三维计算机效果图。

① 二维计算机效果图。二维计算机效果图可以使用二维绘图软件（位图）进行绘制（图5-37～图5-39），也可以使用二维绘图软件（矢量）进行绘制。

位图图像又称点阵图像或绘制图像，是由称作像素（图片元素）的单个点组成。位图图像以像素不同的排列及颜色组合成图像的视觉效果。其优点是色彩细腻丰富，由于采用了模拟现实的色彩模式,因此用于效果图绘制仿真度较高。其缺点是其分辨率是固定的,如果将图片放大超过原有尺寸,就会使图片质量大大下降。要想解决这个问题可以事先设置好图片文件的分辨率。

常用的二维绘图软件(位图)包括Photoshop、comicstudio、Painter、sai、ArtRage、SketchBook等。Photoshop软件的功能非常强大,可以利用其选区工具和路径工具直接进行二维产品效果图的绘制。其他的软件一般需要配合数位板在电脑上直接进行手绘。

矢量图使用直线和曲线来描述图形,这些图形的元素是一些点、线、矩形、多边形、圆和弧线等,它们都是通过数学公式计算获得,体积一般较小。矢量图形最大的优点是无论放大、缩小或旋转都不会失真;最大的缺点是难以表现色彩层次丰富的逼真图像效果。由于矢量软件具有强大的路径功能,因此在产品效果图的绘制中可以发挥重要作用。常用的二维绘图软件(矢量)有Illustrator、FreeHand、Corel DRAW等。

图5-37　二维绘图软件(位图)效果图(1)　　　图5-38　二维绘图软件(位图)效果图(2)

图5-39　二维绘图软件(位图)效果图(3)

二维绘图软件具有其独特的优势:在操作过程中受计算机软件功能限制较少,可以将设计师的想法充分表达;相比三维效果图速度大大提升,可用于前期的设计思维表达;表现力强,功能丰富,可将设计师手绘表现力大幅度提升。

② 三维计算机效果图。三维计算机效果图是由三维绘图软件进行建模,利用渲染软件或者插件进行渲染,以此得到的产品效果图。常用的三维建模软件有3Dmax、Rhino、softimage等(图5-40~图5-42)。这一类软件不依赖于模型尺寸,对于模型的配合也没要求,无法用于计算机辅助加工,但在产品的效果表现方面却十分出色。

Rhino软件是由美国Robert McNeel & Assoc.开发的PC上强大的专业3D造型软件,它可以广泛地应用于三维动画制作、工业制造、科学研究以及机械设计等领域。它能轻易整合3DS MAX 与Softimage的模型功能部分，尤其擅长建立要求精细、弹性与复杂的3D NURBS模型。能输出obj、DXF、IGES、STL、3dm等不同格式，并适用于几乎所有3D软件，尤其对增加整个3D工作团队的模型生产力有明显效果。

  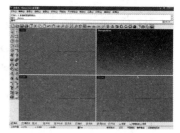

图5-40　Illustrator绘制的产品效果图　图5-41　工业级曲面建模软件Rhino　　图5-42　Rhino界面

但Rhino的渲染模块并不强大，往往需要依赖第三方插件进行渲染。常用的渲染插件有vray、finalrender、brazil、keyshot等（图5-43～图5-46）。

图5-43　V-ray logo　　　　　　　　图5-44　Rhino建模Vray渲染产品效果图

图5-45　即时渲染软件keyshot logo　　　　图5-46　keyshot渲染作品

3D Studio Max，常简称为3DS Max或MAX，是Autodesk公司开发的基于PC系统的三维动画渲染和制作软件（图5-47和图5-48）。其前身是基于DOS操作系统的3D Studio系列软件。在Windows NT出现以前，工业级的CG制作被SGI图形工作站所垄断。3D Studio Max + Windows NT组合的出现一下降低了CG制作的门槛，使得三维效果图得以普及。在工业设计、建筑设计、室内设计、环艺设计、影视动画等领域有突出的表现。并且3D Max具有很好的兼容性，能够兼容大多数的三维模型格式，除了本身非常优秀的渲染功能外，还能够内嵌多个主流的第三方渲染插件，使得3D Max成为了很好的3D效果图制作平台。

图5-47　3D Max 2010启动界面

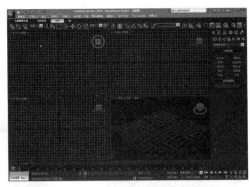

图5-48　3D Max 2010工作界面

3. 参数化数字模型制作

产品的方案定稿后就转入产品的结构设计阶段。这个阶段人们需要建立产品方案的计算机数字模型，以方便对产品进行计算机辅助加工和虚拟分析。在产品开发初期，产品方案的零件形状和尺寸有一定模糊性，要在装配验证、性能分析和数控编程之后才能确定，因此希望零件模型具有易于修改的柔性。参数化设计方法就是将模型中的定量信息变量化，使之成为任意调整的参数。调整一个零件的尺寸，与之相关的零件尺寸都随之改变，这对于复杂产品的设计和产品的系列化设计有着重要意义。

常用的参数化三维建模软件有Solid Works、Pro—e、UG、CATIA等。

（1）Solid Works。Solid Works软件是世界上第一个基于Windows系统开发的三维CAD系统，由于使用了Windows OLE技术、直观式设计技术、先进的Para solid内核（由剑桥提供）以及良好的与第三方软件的集成技术，使得Solid Works软件成为全球装机量最大、最好用的软件（图5-49和图5-50）。功能强大、易学易用和技术创新是Solid Works软件的三大特点，使得Solid Works软件成为领先的、主流的三维CAD解决方案。Solid Works软件能够提供不同的设计方案、减少设计过程中的错误以及提高产品质量。

Solid Works软件不仅拥有强大的功能，而且操作简单方便、易学易用。通过在世界著名的人才网站进行检索可知：同其他3D CAD系统相比，与Solid Works软件相关的招聘广告比其他软件的总合还多，这比较客观地说明了该软件在设计领域的普及程度。

图5-49　Solidworks启动页面

图5-50　Solidworks作品

（2）Pro/E。Pro-e是Pro/Engineer的简称，更常用的简称是ProE或Pro/E，Pro/E是美国参数技术公司（Parametric Technology Corporation，PTC）的重要产品，在目前的三维造型软件领域中占有重要地位（图5-51和图5-52）。Pro/E作为当今世界机械CAD/CAE/CAM领域的新标准而得到业界的认可和推广，是现今主流模具和产品设计三维CAD/CAM软件之一，Pro/E建模的特征如表5-8所示。

表5-8　Pro/E建模的特征

Pro/E 建 模 的 特 征	
参数化设计	参数化设计在当今并不是一个很新的概念，但Pro/E对于参数化有着重要的意义，因为Pro/E第一个提出了参数化设计的概念，并且采用了单一数据库来解决特征的相关性问题。
操作方式直观简便	Pro/E具有人性化的操作方式，可以使用直观的操作方法来建立模型。工程设计人员采用具有智能特性的、基于特征的功能去生成模型，如腔、壳、倒角及圆角，并可在草图和三维模型之间形成联动，更改草图，从而轻易改变模型。这一功能特性给工程设计者提供了在设计上从未有过的简易和灵活，特别是在设计系列化产品上更是具有得天独地的优势。
单一数据库	Pro/E是建立在统一基层上的数据库中，而不像一些传统的CAD/CAM系统是建立在多个数据库中。所谓单一数据库，就是工程中的资料全部来自一个数据库，这使产品的开发更具有团队意识，使每个人的工作都存在联动关系。Pro/E在开发过程中就开始了沟通交流，避免发生设计人员各自为战，最后又无法协调的情况。
直观装配管理	Pro/E的基本结构能够使用户利用一些直观的命令（例如，"贴合""插入""对齐"等）很容易地把零件装配起来，同时保持设计意图。对于一些复杂的产品，Pro/E具有高级的功能进行支持和管理，这些装配体中零件的数量不受限制，这为开发大型产品提供了可能。

图5-51　Pro/Engineer Logo

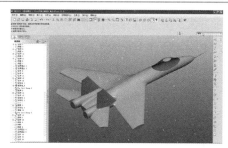

图5-52　Pro/Engineer 界面

（3）UG。UG（Unigraphics NX）是Siemens PLM Software公司出品的一个产品工程解决方案，它为用户的产品设计及加工过程提供了数字化造型和验证手段（图5-53和图5-54）。UG NX主要功能如表5-9所示。

图5-53　UG-NX6启动界面

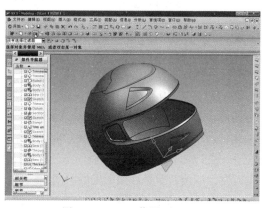

图5-54　UG 工作界面

表5-9　UG NX主要功能

UG NX 主 要 功 能	
工业设计和风格造型	UG NX为那些培养创造性和产品技术革新的工业设计及风格提供了强有力的解决方案。利用UG NX建模，工业设计师能够通过直观的操作方法轻松建立起工业级的曲面，利用自带的渲染功能可以将参数化模型以真实美观的形式呈现，满足了工业设计的审美要求。
丰富的设计模块	UG NX为产品设计各个环节提供了广泛的应用模块。如高性能的机械设计和制图功能模块、线路和管路设计模块、钣金模块、塑料件设计模块等。
仿真、确认和优化	UG NX允许制造商以虚拟的方式仿真、确认和优化产品及其开发过程。在开发设计的早期就能通过计算机模拟的方式提升产品的质量和功能，避免了实物测试的昂贵费用。
NC加工	UG NX能够和CAM无缝配合，将参数化模型快速的制作出实物。其UI设计非常直观，用户可以在图形方式下观测刀具沿轨迹运动的情况并可对其进行图形化修改。UG软件所有模块都可在实体模型上直接生成加工程序，并保持与实体模型全相关，减轻了NC加工编程的工作量。
模具设计	UG是当今较为流行的一种模具设计软件。模具设计的流程很多，其中分模是其中关键的一步。分模有两种：一种是自动的；另一种是手动的，当然并不是纯粹的手动，而是要用到自动分模工具条的命令，即模具导向。
开发解决方案	NX 产品开发解决方案完全支持制造商所需的各种工具，可用于管理过程并与扩展的企业共享产品信息。NX与UGS PLM 的其他解决方案的完整套件无缝结合，对于 CAD 、CAM和CAE 在可控环境下的协同、产品数据管理、数据转换、数字化实体模型和可视化都是一个补充。

UG主要客户包括克莱斯勒、通用汽车、通用电气、福特、波音麦道、洛克希德、劳斯莱斯、普惠发动机、日产以及美国军方。充分体现UG在高端工程领域，特别是军工领域的强大实力。在高端领域与CATIA并驾齐驱。

（4）CATIA。CATIA是法国达索公司的产品开发旗舰解决方案。它可以帮助制造厂商进行新产品的开发，并支持从项目前阶段、具体的设计、分析、模拟、组装到维护在内的全部工业设计流程（图5-55和图5-56）。

图5-55　CATIA logo　　　　　　　　　　图5-56　CATIA工作界面

CATIA之所以能成为享誉全球的顶级工业设计软件是因其具有核心技术，为工业设计的参数化和并行化提供了可能。其核心技术有：

① CATIA先进的混合建模技术。设计对象的混合建模：在CATIA的设计环境中，无论是实体还是曲面，都做到了真正的互操作；变量和参数化混合建模：在设计时，设计者不必考虑如何参数化设计目标，CATIA提供了变量驱动及后参数化能力。几何和智能工程混合建模：对于一个企业，可以将企业多年的经验积累到CATIA的知识库中，用于指导本企业新手，或指导新车型的开发，加速新型号推向市场的时间。

② CATIA具有在整个产品周期内方便的修改能力，尤其是后期修改性。无论是实体建模还

是曲面造型，由于CATIA提供了智能化的树结构，用户可方便快捷的对产品进行重复修改，即使是在设计的最后阶段需要做重大修改，或者是对原有方案的更新换代，对CATIA来说，都是非常容易的事。

③ CATIA所有模块具有全相关性。CATIA的各个模块基于统一的数据平台，因此CATIA的各个模块存在着真正的全相关性，三维模型的修改，能完全体现在二维、有限元分析以及模具和数控加工的程序中。

④ 并行工程的设计环境使得设计周期大大缩短。CATIA 提供的多模型链接的工作环境及混合建模方式，使得并行工程设计模式已不再是新鲜的概念，总体设计部门只要将基本的结构尺寸发放出去，各分系统的人员便可开始工作，既可协同工作，又不互相牵连；由于模型之间的互相联结性，使得上游设计结果可做为下游的参考，同时，上游对设计的修改能直接影响到下游工作的刷新，实现真正的并行工程设计环境。

⑤ CATIA覆盖了产品开发的整个过程。CATIA提供了完备的设计能力：从产品的概念设计到最终产品的形成，以其精确可靠的解决方案提供了完整的2D、3D、参数化混合建模及数据管理手段，或从单个零件的设计到最终电子样机的建立，它都可以出色的完成；同时，作为一个完全集成化的软件系统，CATIA将机械设计、工程分析及仿真、数控加工和CAT web网络应用解决方案有机的结合在一起，为用户提供了严密的无纸工作环境，特别是CATIA中针对汽车、摩托车业的专用模块，使CATIA拥有了最宽广的专业覆盖面，从而帮助客户达到缩短设计生产周期，提高产品质量及降低费用的目的。

5.2.5　样机模型（手板）制作

方案定稿阶段一个非常重要的过程就是样机模型制作。样机模型又称手板、首板。手板就是在没有开模具的前提下，根据产品外观图样或结构图样先做出的一个或几个，用来检查外观或结构合理性的功能样板（图5-57）。

图5-57　手钻的电脑模型和手板

由于产品方案从二维空间转到三维空间会产生视觉偏差，因此方案定稿后通常通过制作手板以检验产品的实体效果是否和方案效果存在差距，并根据手板对平面图样进行修正。在制作大体量的产品（如汽车）时，如果直接制作原大手板，则制作周期太长且成本过高，此时可以先制作1∶5的缩放手板，进行效果检验。这个步骤是为了避免由于体量差别而带来的视觉误差。例如，5cm汽车边缘倒角在1∶5的手板上看起来非常精致，但如果放大到原大后倒角就变成25cm，就会显得笨拙。因此有必要等视觉效果协调后制作1∶1的实物原大手板。

1．手板的作用

（1）检验结构设计：手板的制作可以在开模之前检验产品方案结构设计的合理性，如结构的合理与否、人机学尺度的合理性、安装的难易程度等。

（2）视觉效果校正：设计方案从平面转为三维会有视觉偏差，通过手板的制作可以对最终的效果进行校正。

（3）降低开发风险：通过对样机的检测，可以在开模具之前发现问题并解决问题，避免开模具过程中出现问题，造成不必要的损失。

（4）进行市场测试：手板制作速度快，很多公司在模具开发出来之前会利用样机做产品的宣传、前期的销售，以此作为市场反响的测试。

2．手板的分类

（1）按制作手段分。手板按制作的手段分，可分为手工手板和数控手板，其区别如表5–10所示。

表5–10　手工手板与数控手板的区别

手工手板		其主要工作量是用手工完成的
数控手板	激光快速成形手板 (Rapid Prototyping ,RP)	主要是通过堆积技术成型，因而RP手板一般相对粗糙，而且对产品的壁厚有一定要求，例如，壁厚太薄便不能生产
	加工中心（CNC）手板	它能非常精确的反映图样所表达的信息，而且CNC手板表面质量高

（2）按所用材料分。手板按制作所用的材料，可分为塑胶手板、硅胶手板和金属手板：

① 塑胶手板（图5–58）：其原材料为塑胶，主要是一些塑胶产品的手板，例如，电视机、显示器、电话机等。

② 硅胶手板（图5–59）：其原材料为硅胶，主要是展示产品设计外形的手板，例如，汽车、手机、玩具、工艺品以及日用品等。

③ 金属手板（图5–60）：其原材料为铝镁合金等金属材料，主要是一些高档产品的手板，例如，笔记本电脑、高级单放机、MP3播放机以及CD机等。

图5–58　塑胶手板　　　　　　图5–59　硅胶手板　　　　　　图5–60　金属手板

3．手板加工工艺

手板制作方式有手工制作手板和数控手板。在早期，没有相应的设备，数控技术落后，手板制作主要靠手工完成，工艺、材料、都有很大的局限性。随着数控加工技术的出现，费时费力的手工制作手板现在已经非常少见。数控手板精度较高，自动化程度高，加工的手板能体现批量生产产品的最终效果，所以当前数控加工的手板居多。

数控手板按加工方法分为激光快速成型（RP）和加工中心（CNC）加工两种，两者各有其专门的加工材料。相关内容请参阅4.2.7节内容。

5.2.6　产品方案评价

产品方案制作出来后需要对产品进行评价。其结果将作为领导层进行决策的重要依据。对于产品方案的评价要全面，并且要寻求产品的核心价值（此部分请参考本章"产品概念评估"）。另外在评价时由于个体的差异以及评价角度的不同会导致评价的结果存在模糊性。要解决评价模糊性的问题笔者推荐使用"模糊综合评价"法来对产品进行评估。

1. 模糊的概念

在对产品进行评价时，经常会遇到模糊性的问题。比如对一个产品进行满意度评价，某人认为该产品造型非常好，颜色搭配不好，功能使用设置合理，这样就无法作出明确的判断，如果是多人进行评价就更无法作出明确的判断。遇到这种情况，可以借用模糊数学中的模糊综合评价来帮助进行判断。所谓的模糊综合评价是指针对具有模糊属性的事物或对象，利用模糊数学中的方法进行处理，最终得到一个确切的结果。模糊数学的创始人是美国加利福尼亚大学著名的控制论专家扎德教授。

2. 模糊综合评价模型

（1）设定评价因素集$U=(u_1,\cdots,u_n)$被评判对象各因素组成的集合。

（2）设定评价判断集$V=(v_1,\cdots,v_2)$评语组成的集合。

（3）单因素判断，即对单个因素u_i（$i=1,\cdots,n$）的评判，得到V上的一个模糊集（$r_{i1},r_{i2},\cdots r_{in}$），所以它是从$U$到$V$的一个模糊映射。

$$f:U\to F(V)$$
$$u_i\mapsto(r_{i1},r_{i2},\cdots,r_{in})$$

模糊映射f可以确定一个模糊关系$R\in u_{n\cdot m}$，R称为评判矩阵。

$$R=\begin{pmatrix} r_{11} & r_{12} & \cdots & r_{1m} \\ r_{21} & r_{22} & \cdots & r_{2m} \\ \vdots & \vdots & & \vdots \\ r_{n1} & r_{n2} & \cdots & r_{nm} \end{pmatrix}$$

它是由所有对单因素评判的F集组成。

由于各因素的重要性不同，因此需对各因素加权。用U上的F集$A=(a_1,a_2,\cdots,a_n)$表示各因素的权重分配，它与评判矩阵R的合成，就是对各因素的综合评判。于是得到模糊综合评判模型。

$$B=A\cdot R=(b_1,b_2,\cdots,b_m)$$

其中

$$A=(a_1,a_2,\cdots a_n),\ \sum_{i=1}^{n}a_i=1,\ a_i\geqslant 0$$
$$R=(r_{ij})_{n\cdot m},\ r_{ij}\in[0,1]$$

$$b_j = \sum_{i=1}^{n} a_i r_{ij}, \ j=1,\cdots,m$$

3. 模糊综合评价的应用

假定一个设计团队请10个目标用户和10个营销人员评价一个产品方案。对于评价标准U他们制定了u_1、u_2、u_3、u_4、u_5等5条标准（例如，目标、市场、年龄层、定位、准确度等），对每条评价标准的等级V分为v_1、v_2、v_3、v_4、v_5等5个等级（例如，非常准确、准确、中等、不准确、非常不准确）。用户评价的结果如表5-11和表5-12所示。

表5-11　用户评价调查表1

U	V				
	v_1非常准确	v_2准确	v_3中等	v_4不准确	v_5非常不准确
u_1操作方便	4	3	2	1	0
u_2安全可靠	3	1	2	2	2
u_3舒适高档	1	2	4	2	1
u_4外形时尚	2	3	0	3	2
u_5富有情趣	5	1	3	1	0

表5-12　用户评价调查表2

U	V				
	v_1非常准确	v_2准确	v_3中等	v_4不准确	v_5非常不准确
u_1操作方便	3	4	2	0	1
u_2安全可靠	3	2	1	3	1
u_3舒适高档	2	3	2	2	1
u_4外形时尚	4	3	2	1	0
u_5富有情趣	3	3	2	1	1

根据上面两表中的数据，设计团队如何从中得出结论呢？

显然，用常规的统计方法，是很难得出结论的。这是因为需要考虑多个因素，而不是单一的因素，不仅需要考虑针对产品五个评价标准(u_1、u_2、u_3、u_4、u_5)进行评价的从"v_1"到"v_5"程度上之差异，还要考虑用户和专家(甚至更多的参与群体，如当事人、营销人员或管理层等)评价的差异以及评价标准的重要程度等因素。要解决这一问题，可以借用模糊数学中的模糊综合评价方法。模糊评价的实施步骤如下：

（1）确立综合评价变换矩阵。以表5-12为例说明变换矩阵的建立方法。首先对调查数据进行归一化处理。

$$u_1=(0.4,0.3,0.2,0.1,0.0)$$
$$u_2=(0.3,0.1,0.2,0.2,0.2)$$
$$u_3=(0.1,0.2,0.4,0.2,0.1)$$
$$u_4=(0.2,0.3,0.0,0.3,0.2)$$
$$u_5=(0.5,0.1,0.3,0.1,0.2)$$

用矩阵的形式表示为：

$$R=\begin{pmatrix} 0.4 & 0.3 & 0.2 & 0.1 & 0.0 \\ 0.3 & 0.1 & 0.2 & 0.2 & 0.2 \\ 0.1 & 0.2 & 0.4 & 0.2 & 0.1 \\ 0.2 & 0.3 & 0.0 & 0.3 & 0.2 \\ 0.5 & 0.1 & 0.3 & 0.1 & 0.2 \end{pmatrix}$$

R称为判断矩阵。

（2）确定权重分配矩阵。不同的评价组别还存在着重要程度差异性的问题。因此还应确定权重分配矩阵。这里用的方法是择优比较法，具体做法是首先要确定"择优实验卡"。

① 制作"择优实验卡"（见表5-13）。

表5-13 择优实验卡

评价因素	u_1	u_2	u_3	...	u_n
u_1					
u_2	...				
...	...	...			
u_n	...	...	...	...	

"择优实验卡"根据评价因素来确定，形式一般为：

择优实验卡填充要求：测试者独立完成，避免外界信息刺激；对择优实验卡的评价因素两两进行比较，如第一列第一个元素u_1与第二列第一个元素u_2进行比较，若列比行的因素重要，则就在该列和行对应的单元格虚线下方画"√"（见表5-14）。

表5-14 择优实验卡填写示例

评价因素	u_1	u_2	u_3	...	u_n
u_1					
u_2	...√				
u_3	...√	...√			
...	...√	...√	...√		
u_n	...√	...√	...√	...√	

② 确定权重群体，在填写问卷时应对群体进行划分，方便进行权重分配，例如，目标用户组、设计团队、营销团队、专家组、领导组等。

③ 统计择优结果。例如，选择20个用户，5个评价因素两两比较，每人比较10次，总共200次（20人*10次/人）（见表5-15）。

表5-15 择优实验卡数据统计

评价因素	u_1	u_2	u_3	u_4	u_3	求和结果	权 值
u_1		16	18	9	3	46	0.23
u_2	4		19	8	5	36	0.18
u_3	2	1		7	4	14	0.07
u_4	11	12	13		6	52	0.21
u_5	17	15	16	14		62	0.31
总计						200	1

表中的数据表示比较结果的汇总。虚线下方的数据表示用"列"和"行"进行比较，"列"比"行"重要的数据汇总。虚线上方的数据表示用"行"和"列"进行比较，"行"比"列"重要的数据汇总。

④ 根据统计择优结果确定权重分配。将每行评价因素分别求和，并分别计算所占总数的比例，得到其权值。如"u_1"，重要的次数为

$$16+18+9+3=46$$

用46/200=0.23。

最后得到的权重分配为：

$$A=（0.23,0.18,0.07,0.21,0.31）$$

（3）评价模型与结果分析：

① 将统计出来的权重分配向量和判断矩阵代入模糊综合评价模型。

$$B=A\cdot R=(b_1,b_2,\cdots b_n)$$

$$B=（b_1,\ b_2,\ b_3,\ b_4,\ b_5）=（a_1,\ a_2,\ a_3,\ a_4,\ a_5）\cdot\begin{pmatrix} r_{11} & r_{21} & r_{31} & \cdots & r_{m1} \\ r_{12} & r_{22} & r_{32} & \cdots & r_{m2} \\ r_{13} & r_{23} & r_{33} & \cdots & r_{m3} \\ r_{14} & r_{24} & r_{34} & \cdots & r_{m4} \\ r_{15} & r_{25} & r_{35} & \cdots & r_{m5} \end{pmatrix}$$

② 评价结果分析。上面的案例根据此公式得出用户评价结果为：

$$B=（0.35,0.19,0.21,0.16,0.15）$$

根据最大隶属度原则，对于该产品定位的评价为v_1，隶属于v_1的程度为35%。

此项评价为用户对产品定位的评价，可以根据相同的方法得到专家组、营销团队等对于此项定位的评价。

（4）多项评价结果的综合。参与评测的会有多个不同组别，不同组别意见存在着差异，可用同样的方法进行统计，具体的做法如下：

① 将每个组别的数据计算出来作为判断矩阵。

② 由于每个组别的专业性不一致，因此会有权重的差别。根据各组意见重要性的不同，可为每个组设置权重。例如，用户0.30；营销人员0.20；管理层0.10；专家为0.40。所有组别的权重之和为1。

③ 准备工作做好后再将数据代入模糊评价模型$B=A\cdot R$。

④ 结果计算出来后，再根据最大隶属性原则对产品定位进行综合评价。

5.3 产品开发设计案例分析

在本章以某品牌电脑机箱开发案例来说明产品开发过程中的设计阶段。电脑机箱作为该公司的拳头产品，一直在市场上享有美誉，机箱自从投入生产以来，销量始终在中国DIY和OEM机箱销量中位居前列。其美观性、安全性和耐用性一直为消费者所公认，在用户和业内留有良好的口碑。2008年厂家希望在北京奥运会期间推出一款符合奥运精神的机箱，厂家派出一名结

构设计师和一名市场策划人员与笔者组成了设计团队,共同开发此产品。笔者在团队中负责外观设计和体验设计部分。

5.3.1 方案定位

首先需要对产品进行定位。通过讨论,对这款机箱的初步定位为:结合该公司的设计理念和技术水平,设计一款时尚、动感、富有中国气息的电脑机箱,以满足现代有品位的高端用户的需求。造型简洁大方,彰显品味。中国特色明显,给人以心理上的愉悦和视觉上的满足。造型在保持高品质、简洁、时尚风格的同时,又作了一定程度上的突破,以形成鲜明的视觉识别。同时还要考虑奥运会的特点,设计出运动、激情、活力的视觉感受。

由于市场定位和产品概念厂家已经确定,所以此案例主要介绍设计阶段的工作。为了对设计工作进行规范,对厂家提出的感性词汇"奥运氛围""中国特色"进行"语汇层次分级",如表5-16和表5-17所示。

表5-16 语汇层次分级表

根语汇	子语汇	二级子语汇	三 级 子 语 汇	定 性
奥运氛围	激情活力圣火	造型对比强烈	造型元素反差大	产品形态
			直线为主、曲线为辅	
			装饰性灯光对比	
			两种以上的材质	
		暖色系	黑色为底色	产品颜色
			红色为搭配色	
			金属材质穿插其中	
			蓝色灯光作为对比点缀	

表5-17 语汇层次分级表

根语汇	子语汇	二级子语汇	三 级 子 语 汇	定 性
中国特色	京剧脸谱	造型夸张	装饰形采用条纹组合	产品形态
			装饰形与主体形统一协调	
		色彩对比大	主体色和对比色明度反差大	产品颜色
			有色彩与无色彩对比	

通过"语汇层次分级"法得到以下形态限制词汇:造型元素反差大、直线为主、曲线为辅、装饰性灯光对比、两种以上的材质、黑色为底色、红色为搭配色、金属材质穿插其中、蓝色灯光作为对比点缀、装饰形采用条纹组合、装饰形与主体形统一协调、主体色和对比色明度反差大、有色彩与无色彩对比。

5.3.2 造型设计及评价优化

方案一:在限制语汇的约束下设计机箱外观,为了表现快捷、直观,使用平面绘图软件进行效果初步表现,可以将设计方案比较真实的展现,可以作为方案筛选的依据。

以传统京剧脸谱为设计元素,红灰黑搭配,面部曲线流畅而富有动感,具有层次感和明显的脸谱味道,中国味道十足,如图5-61所示。

方案二:是在方案一的基础上进行修改,基本元素保持不变,将前面板设计元素统一连接,达到视觉效果完整,如图5-62所示。

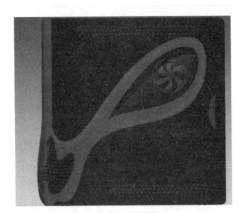

（a）正面效果图　　　　　　　　　　　　（b）侧面效果图

图5-61　机箱设计效果图（方案一）

（a）正面效果图　　　　　　　　　　　　（b）侧面效果图

图5-62　机箱设计效果图（方案二）

以上方案是在外观语汇限制下设计完成的，为了丰富产品系列，对于产品的色彩进行了组合搭配，如图5-63所示。

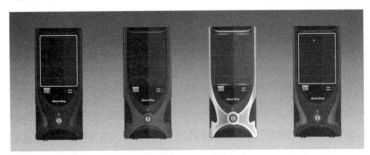

图5-63　机箱颜色搭配

企业要求提交四份不同的方案，于是脱离限制语汇，重新设计了两个方案，如图5-64和图5-65所示。

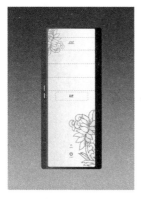

图5-64　机箱设计效果图（方案三）　　　图5-65　机箱设计效果图（方案四）

利用模糊综合评价对机箱设计方案进行选择。

采用问卷的方式对500名目标消费者进行设计方案评选，有效问卷432份。

设定评价因素：U=（造型设计，颜色搭配，购买欲望）

设定判断因素：V=（很好，比较好，不太好，不好）

对方案一进行评价，如果单考虑造型设计有68%的人认为很好，有15%的人认为比较好，有13%的人认为不太好，有4%的人认为不好。

可得出：造型设计=（0.68，0.15，0.13，0.4）

其他评价因素的统计结果为：

颜色搭配=（0.56，0.32，0.10，0.02）

购买欲望=（0.62，0.26，0.09，0.03）

所有单因素组成评判矩阵

$$R = \begin{pmatrix} 0.68 & 0.15 & 0.13 & 0.4 \\ 0.56 & 0.32 & 0.10 & 0.02 \\ 0.62 & 0.26 & 0.09 & 0.03 \end{pmatrix}$$

从市场部门、结构设计部门、外观设计部门选出10名专家利用择优实验卡对U={造型设计，颜色搭配，购买欲望}进行权重评价。

结果为：

$$A = （0.3，0.2，0.5）$$

由此可得方案一的模糊综合评价为：

$$B = A \cdot R = （b_1, b_2, b_3, b_4）$$
$$b_1 = 0.62$$
$$b_2 = 0.24$$
$$b_3 = 0.11$$
$$b_4 = 0.03$$

表示的评价是：有62%的人认为很好，有24%的人认为比较好，有11%的人认为不太好，有3%的人认为不好。按照最大隶属度原则对方案一的评价为很好。

认为好的比例为62%+24%=86%。

类似的可以得到方案二的模糊综合评价为：

$$B=A \cdot R=（0.61,0.26,0.10,0.03）$$

认为好的比例为61%+26%=87%。

方案三的模糊综合评价为：

$$B=A \cdot R=（0.41,0.15,0.32,0.12）$$

认为好的比例为41%+15%=56%。

方案四的模糊综合评价为：

$$B=A \cdot R=（0.32,0.17,0.40,0.11）$$

认为好的比例为32%+17%=49%。

通过比较可以看出认为"方案二"好的比例最高，为87%。因此选择"方案二"进行深入表现。方案一和方案二的用户评价都属于好，而且用户满意度相差不大。厂家为了丰富产品系列，决定作为系列产品推出。图5-66所示为机箱3D模型，图5-67所示为机箱3D渲染模型，图5-68所示为方案一的产品样机图。

（a）3D模型 角度1 　　　　　　　　（b）3D模型 角度2

图5-66　机箱3D模型

图5-67　机箱3D渲染模型

图5-68　机箱样品

5.3.3 满意度评价

机箱样品制作出来后，接着调查用户满意度。采用问卷调查的方式对800名目标用户进行调查，有效问卷为711份。

设定评价因素：U=（外观设计，颜色搭配，购买欲望）。

设定判断因素：V=（很好，比较好，不太好，不好）。

对方案一进行评价，如果单考虑外观设计有71%的人认为很好，有18%的人认为比较好，有5%的人认为不太好，有6%的人认为不好。

可得出：外观设计=（0.71，0.18，0.05，0.06）。

其他评价因素的统计结果为：

$$颜色搭配=（0.36，0.29，0.19，0.16）$$
$$购买欲望=（0.70，0.26，0.01，0.03）$$

所有单因素组成评判矩阵

$$R=\begin{pmatrix} 0.71 & 0.18 & 0.05 & 0.06 \\ 0.36 & 0.29 & 0.19 & 0.16 \\ 0.70 & 0.26 & 0.01 & 0.03 \end{pmatrix}$$

使用方案选择阶段计算出的权重进行评价。

U=（外观设计，颜色搭配，购买欲望），结果为：

$$A=（0.3，0.2，0.5）$$

由此可得方案一的模糊综合评价为：

$$B=A \cdot R=（b_1,b_2,b_3,b_4）$$
$$b_1=0.63$$
$$b_2=0.25$$
$$b_3=0.04$$
$$b_4=0.07$$

表示的评价是：有63%的人认为很好，有25%的人认为比较好，有4%的人认为不太好，有7%的人认为不好。按照最大隶属度原则对于方案一的评价为很好。

认为好的比例为63%+25%=88%。

第6章 | 设计展望

6.1 现代设计思潮

6.1.1 绿色设计

绿色设计是20世纪80年代首先在美国的"绿色消费"浪潮中显现的一种设计潮流，并逐渐在各设计领域得以重视并予以运用。对于绿色设计思想最早的提出则是在20世纪60年代，由美国著名设计理论家威克多·巴巴纳克在其出版的《为真实世界而设计》一书中提出：设计的最大作用并不是创造商业价值，也不是包装盒风格方面的竞争，而是一种适当的社会变革过程中的元素，同时设计应该认真考虑有限的地球资源的使用，为保护地球的环境而服务。

1. 绿色设计的思维

绿色设计又称生态设计、环境设计、环境意识设计，它着眼于人与自然的生态平衡关系，反映着人们对于现代科学技术产生的生态环境破坏的反思，在设计过程的每一个决策中都充分考虑环境效益，尽量减少对环境的破坏，同时也体现了设计师们道德观念和社会责任心的回归。图6-1所示为基于绿色设计理念设计的Moroso品牌——PaperCloud沙发。

图6-1　Moroso品牌——PaperCloud沙发（意大利）

绿色设计的发展与延伸作为国际的社会热点，正从世界先进工业国家走向发展中国家，由此绿色工业也与人类生产生活的关系变得更加密不可分。从某种程度来看，现如今单纯的绿色设计并不能看作是单一风格的表现，成功的设计是源于设计师对环境问题的高度重视，源于产品在使用环境与各设计要素之间关系的系统体现，绿色设计作品在注重外观的同时，侧重消费者与产品在环境中的使用过程，并且以此来提升产品的高附加值。

2．绿色设计的延伸

绿色设计不仅是技术层面的考量，更重要的是一种观念上的变革，要求设计师放弃那种过分强调产品在外观上标新立异的做法，将重点放在真正意义上的创新层面，以一种更负责的方法去创造产品的形态，用更简洁、长久的造型使产品尽可能地延长其使用寿命。

（1）环境诉求下的环保产品。汽车作为重要的交通工具，在其设计上的"绿色"运用尤其显得注重。新技术、新材料、新能源（图6-2）和新工艺的不断涌现，为绿色设计的发展奠定了技术支撑，同时，绿色设计也已成为企业塑造完美品牌形象的重要决策，并为消费者的环保意识进一步增强提供了理论依据。

图6-2　宝马VisionED混动概念车（德国）

（2）时代需求中的简约产品。"小就是美""少就是多"在绿色设计的发展前沿下附加了更多的新含义。造型简约，用途大众的现代产品不仅适宜于批量生产和降低成本，同时在迎合大众趣味上更显得成熟与沉着。图6-3所示的壁炉，以其简约、小巧的造型深受用户喜爱。

（3）未来设计要求中的绿色产品。人类生活水平的提高和生活节奏的加快，无时不在影响着当下的生态环境和资源使用。可持续发展的绿色设计对产品外观设计要求的同时，加强了对环境、材料、工艺、使用环境、使用人群和消费心理等多种因素的量化与考察。

图6-3　壁炉（John Dimopoulos设计）

3. 绿色设计的未来发展趋势

如果说19世纪的设计师们是以对传统风格的扬弃和对新世纪风格的渴望为特色，那么20世纪末的设计师们则更多地是以理性的思维来对待一个多世纪以来设计变革的历程。

针对绿色设计而言，目前大致有以下几种设计主题和发展趋势：

（1）天然材料的使用，以"未经加工的"形式在产品中得到体现和运用。

（2）精心融入"高科技"因素的简洁风格，使用户感到产品是可亲的、温暖的。

（3）实用并且节能。

（4）强调使用材料的经济性，摒弃无用的功能和纯装饰的样式，创造形象生动的造型，回归经典的简洁，如图6-4所示。

（5）情趣化的体现，主要表现在产品名称的情趣化和各要素的情趣化。

（6）产品与服务的非物质化。

（7）组合设计和循环设计。

图6-4　快速公交系统设计"管子车站"（巴西）

6.1.2　人性化设计

人性化设计是指在符合人们对物质需求的基础之上，强调精神与情感需求的设计，是人类生存意义上一种高设计追求，它体现了"以人为本"的设计核心，运用美学和人机工程学的人与物的设计，展现了一种人文精神，是人与产品、人与自然完美和谐的结合。如约翰·奈斯比特所说："无论何处都需要有补偿性的高情感。我们社会里高技术越多，我们就越希望创造高情感和环境，用技术和软性一面来平衡硬性的一面。我们必须学会把技术的物质奇迹和人性的精神需求平衡起来，实现从强迫性技术向高技术和高情感相平衡的转变"。而作为这种情感和人性平衡的媒介，人性化的设计必将是高技术发展的必然要求。

1. 人性化设计的类型

（1）功能主义的人性化设计。功能主义的人性化设计所考虑的首要因素是高度的功能性，即产品应符合消费者的最基本需要，其次是追加产品在外观上的美感，让消费者在使用过程中能得到精神上的释放与享受，二者缺一不可。例如，Young-min Heo设计的收纳式垃圾桶，在满足垃圾桶最基本的功能性需要基础上，以全新的视觉美感满足了消费者精神上的需求，如图6-5所示。

（2）"为人而设计"的人性化设计。人性化设计作为一种为人而设计的理念，其出发点与归宿都是将功能需求与精神需求相结合，从而设计出符合消费者使用需求与要求的产品。正如1998年美国苹果公司推出的全新iMac计算机，再一次在计算机设计方面掀起了革命性浪潮，成为全球瞩目的焦点。iMac计算机秉承计算机人性化的宗旨，采用一体化的整体结构和预装软件，插上电源和电话线即可上网使用，极大方便了第一次使用电脑的用户，打消了他们对技术的恐惧感。美国设计师Peter Bristol设计的三角形角落照明灯，紧紧依偎在角落里面，这款灯被设计成了房间架构的一部分，灯的外形紧贴在天花板跟墙角，呈现斜角切割的状态，把这盏灯装置在房间里显得独一无二又别致，如图6-6所示。

图6-5　收纳式垃圾桶（Young-min Heo设计）　图6-6　三角形角落照明灯（corner light，Peter Bristol设计，美国）

（3）带有情感的人性化设计。物质丰富的现代社会背后，人们更注重的是情感上的需求和精神上的慰藉，这使得产品在情感因素上成为设计的关键，正因如此，消费者在产品的购买上产生了无形的情感寄托。

2．人性化设计的方法

（1）用情感人。通过设计的外观和使用形式上的要素变化，引发消费者积极的情感波动和亲身体验。美国著名经济学家、社会学家托夫勒曾这样说："人类需要高技术，更需要高情感，人们的购物过程不仅满足的是物质需求，还有文化上的需求。产品一旦被赋予某种美好的情感，就会缩短人与产品在情感上的距离，出现购买行为上的认同。"

（2）用义感人。通过对产品外观及功能上的完善，附加消费者对生态环境的高度保护意识和可持续环保理念，使消费者对所使用的产品得到进一步的认知与认可。澳大利亚设计师Simon Colabufalo设计的Metrotopia双座汽车，由一个单独的橡皮球轮滑行，这使车辆的移动具有很大的灵活性与机动性，红色的形如扇子的私人电车只是一款经特别设计而成的公交有轨电车的一部分，如图6-7所示。

（3）用名诱人。对产品恰到好处的命名往往会为产品提升无形的附增加值，因为名字是产品吸引消费者的第一方式，所以产品的命名也是人性化设计当中一个重要环节。

3. 人性化设计的发展趋势

人性化设计是现代产品设计的一个重要基点，"人性化"在未来设计中深层次的体现就显得尤为重要。进入21世纪以来，人类生存面临众多难题，能源危机、生态平衡，环境污染等，如果现代设计没有把这些与人类息息相关的问题作为设计的标准，最终会导致人类的自身灭亡，这也无疑给人性化设计的"以人为本"的理念蒙上一层阴影。设计是生活的需要，是认识与感受传统文化的精神内涵，只有这样才能实现真正意义上的"以人文本"的设计理念，实现设计的美学、技术、经济与人性的统一。人性化设计的趋势主要有以下几点：

（1）回归自然的人性化设计情怀，在生活中尽量地选择自然的材质作为设计素材。

（2）体现人体工程学原理，以人体生理结构出发的空间设计。

（3）以人的精神享受为主旨的环境保护和以人文资源保护与文化继承为目标的设计。

图6-7　Metrotopia双座汽车（Simon Colabufalo设计，澳大利亚）

6.1.3　通用设计

"通用设计"又称"无障碍设计"，是指"在最大限度的可能范围内，不分性别、年龄与能力，适合所有人使用方便的环境或产品之设计"，它作为一种设计理念和思想，有着其深刻的社会背景。最早的设计理念的兴起源于20世纪50年代美国牧师马丁·路德·金的黑人民权运动，这一运动的爆发更加促使和影响了之后通用设计对残障人士的关怀与重视。

随着人们对更高生活质量的追求，残障者、老年人及其他身体不方便者不再满足于生理层面的无障碍，更希望的是在心理层面上的无障碍化，在使用产品和对适应环境的需求上更能方便轻松的独立完成，在此思潮下，通用设计的理念应运而生并逐步发展。Liew Ann Lee设计的便携式可加热饭盒，包含有烹饪加热器和2个便当盒，采用磁感应加热器加热食物，不用插上电源就可以方便使用，省却了没有微波炉的烦恼，如图6-8所示。

图6-8　便携式可加热饭盒（Liew Ann Lee设计）

1．通用设计理念的引入

设计的目的在于创造更美好的生活，而实现这一目的的前提则是对人类、环境、产品的充分联系与渗透。无论是对身体健康的青年人，还是对儿童、老年以及残障人士，都应通过设计来关注人们生活中的各种障碍，以用户为中心，以理念为核心，以产品为重心，把研究最广泛的用户特点和需求作为出发点。

2．通用设计理念的发展

由于通用设计是根据有无障碍设计发展而来，其理念带有一定的功能主义色彩，在考虑产品的设计时多是关注产品的功能性，而对外观的个性和风格设计上的要求显得不是那么注重，为此通用设计在产品上的设计运用应附加用户对产品使用心理及感情上的依托。由于通用设计的应用领域十分广泛，因此要以更加开阔的视角来审视无障碍的产品设计在出现问题及解决问题上的诸多考虑，以不断完善、发展的过程来研究与实践对产品的改善，从而达到一种设计平衡。日本Kokuyo的Just One鼠标是由日本数字人类研究中心合作开发的鼠标，鼠标屁股是可拆卸式的，有三种不同大小的"壳"可以选择，分别对应纤纤玉手、正常人和熊掌，如图6-9所示。

图6-9　Just One鼠标（Kokuyo，日本）

6.1.4　民族化设计

民族化的设计风格与国际化的设计氛围之间的关系是存在于不同地区、不同地域、不同民族的风俗习惯及文化背景下所产生的对思维和特点的设计变革与进步，它同时具有个性与共性的鲜明特征，存在着辩证统一的关系。民族化设计具有个性，国际化设计具有共性，而国际化设计是具有包含意义的，是一个为国际设计界所认同的工人审美标准，民族化设计则处于其中，并产生着一定的积极影响。明基Scanner 5250c书法扫描仪具有鲜明的民族化特点：其轻薄以及极具古典气息和艺术品味的时尚外观设计，非常受用户青睐；其别具一格的底座竖放设计，可以节省空间；其人性化的软件功能，可升级实现A3大幅面扫描，如图6-10所示。

1．民族化设计的推动作用

整理和探究民族的优秀文化，将有特色有重点有影响的弘扬民族文化的精髓，将利于国际设计多元化的发展趋势，尤其是在当今全球大文化互相影响的背景下，对各个国家的本土化设计风格都提供着多元素的设计定位与导向。民族化设计的发展是各个地域民族文化创新发展的基点，也是国际化发展的源泉动力，时代的快速发展，铸就了民族文化的积淀和创新。民族化设计对发展各个国家的文化创意产业资源，使其转化为各式各样的视觉表现方式，通过文化元素和文化产业的链接来铸造本土的文化活力和影响具有重要的作用，使民族化设计真正以积极主动的姿态融入设计的变革与创新之中，形成新颖独特的表现形式空间。图6-11所示的步步高i6手机的设计便是民族化设计的代表。

2．民族化设计的发展趋势

全球化设计不仅是一种共融趋势，同时又是不同国家、不同地域、不同民族对待同一设计风格的一种工具、一种策略和一种态度，而这种趋势是文化的展现，更是经济的支点。对待民族化设计，在保持设计风格品味的前提下，更应注重民族文化意识和国家意识，因为一个国家的文化积淀往往比其经济力量更为强大。

图6-10 明基Scanner 5250c书法扫描仪　　　　图6 11 步步高i6手机的设计

6.1.5 并行工程

并行工程是对产品及其相关过程（包括制造过程和支持过程）进行并行、集成化处理的系统方法和综合技术。并行工程要求产品开发及设计人员从一开始就要考虑到产品全生命周期内各阶段的因素（如制造、功能、装配、质量、作业调度、成本、维护与用户需求等），并强调各部门的协调工作，通过建立各个决策者之间的有效的信息交流与通信机制，全面分析各相关因素的影响，使后续环节中可能出现的问题在设计的早期阶段就被发现，并得到解决，这就是并行工程的产品开发过程，如图6-12所示。从而使产品在设计阶段便具有良好的可制造、可装配、可维护及可回收再生等特性，最大限度地减少设计反复，缩短设计、生产准备和制造时间。

1. 并行工程的本质特点

并行工程强调的是面向过程和面向对象研发的一个新产品，从概念构思到生产出来是一个完整的过程。强调设计要面向整个过程或产品对象，因此特别强调设计人员在设计时不仅要考虑设计，还要考虑这种设计的工艺性、可制造性、可生产性、可维修性等，工艺部门的人也要同样考虑其他过程，设计某个部件时要考虑与其他部件之间的配合。并行工程的运行模式中（图6-13），各部门之间协调配合，所以整个开发工作都要着眼于整个过程和产品目标。

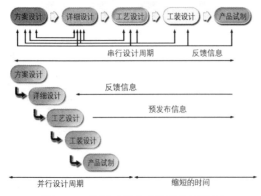
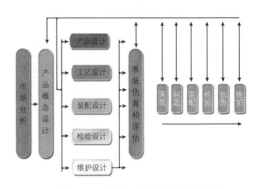

图6-12 并行工程的产品开发过程图　　　　图6-13 并行工程的运行模式图

2. 并行工程的创新及发展前景

并行工程已从最初的理论化向实用化方向迈出了一大步，并越来越多的运用到航空、航天、机械、汽车等诸多领域。在企业对产品的研发与创造中，将企业产品的策划、研发、设计、制造、加工、销售、管理等各个环节无形中衔接起来，而不是最初的相互独立的一个单元，从而成为了产品决策的推进剂，这就是实施并行工程的信息支撑环境与工具（图6-14）。自此，并行工程实现了三大方面的创新，即采用多功能团队实现组织的创新；在开发过程中实现过程的创新，采用信息技术的手段实现设计手段的创新。并行工程的实施将从根本上改变现行的制造模式，从而在研究方向、产品研发、技术实用化、实施队伍、科研力量上促进产品在其市场竞争中的经济效益大大改善。

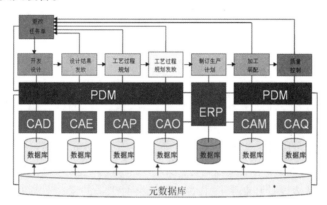

图6-14　实施并行工程的信息支撑环境与工具图

6.1.6　虚拟设计

虚拟设计是20世纪90年代发展起来的一个新的研究领域，是以"虚拟现实"技术为基础，以机械产品为对象的设计手段。借助这样的设计手段设计人员可以通过多种传感器与多维的信息环境进行自然地交互，实现从定性和定量综合集成环境中得到感性和理性的认识，从而帮助深化概念和萌发新意。

1. 虚拟设计在产品开发中的应用

在产品的研发生产过程中，设计对产品的成本起着重要作用。虚拟设计技术是由各个"虚拟"的产品开发活动来组成，由"虚拟"的产品开发组织来实施，由"虚拟"的产品开发资源来保证，通过分析"虚拟"的产品信息和产品开发过程信息求得对开发"虚拟产品"的时间、成本、质量和开发风险的评估，从而作出开发"虚拟产品"系统和综合的建议。例如，虚拟驾驶系统设计，是指利用现代高科技手段让体验者在一个虚拟的驾驶环境中，感受到接近真实效果的视觉、听觉和体感的汽车驾驶体验，如图6-15所示。

虚拟设计在产品设计方面具有较大影响的另一个领域是装配设计，尽管目前尚没有商用虚拟装配系统，但就其技术来说已经成熟，人们普遍认为这项技术对产品设计具有重要意义。例如，韩国Daeyang公司设计的产品i-Visor FX6013D立体眼镜式MP4，内部集成各种控制机部，与PC连接后通过模拟RGB连接方式显示映像，采用了失真较少的自由曲面棱镜，可极大扩充视角，具备3D立体显示能力，如图6-16所示。

图6-15 虚拟驾驶系统设计演示

2. 虚拟设计的发展趋势

以虚拟的概念来分析未来的设计，将从有形的设计向无形的设计转变，从物的设计向非物质的设计转变，从产品的设计向服务的设计转变，从实物产品的设计向虚拟产品的设计转变，以不拘一格的风格形式在更高层面上理解产品的服务性。例如，英国贝尔法斯特女王大学电子工程系教授阿兰·马歇尔设计的手套，戴上这种手套，人们就可以通过网络传输手掌触摸的力度以及皮肤感觉等信息，两人不仅可以通过显示器遥遥相望，而且可以感受到他们的手握在一起，如图6-17所示。虚拟设计和制造技术的应用将会对未来的设计业与制造业的发展产生深远影响。

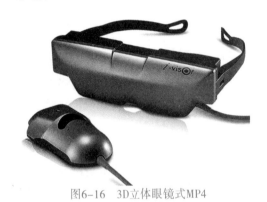

<table>
<tr><td style="text-align:center">图6-16 3D立体眼镜式MP4</td><td style="text-align:center">图6-17 英国贝尔法斯特女王大学电子
工程系教授阿兰·马歇尔设计的手套</td></tr>
</table>

6.2 未 来 设 计

6.2.1 智能化设计

随着社会信息化的加速，人们的生活、工作、社交与通信、信息的关系日益密切，而智能化设计又成为商品广告宣传中的常用词。人们在满足基本的自身需求的同时，对产品使用的要求又指向了舒适、交互、通信等诸多用途。例如，德国大众汽车公司设计的奥迪A8汽车内饰，奥迪A8的MMI系统集成了UMTS模块，以方便联网收发邮件和浏览网页，此外MMI系统还可接手奥迪的定制服务信息，包括实时路况信息以及谷歌街景等信息，如图6-18所示。随着现代家庭的家居环境被越来越多的家电产品所围绕，家电产品更迫切地需要基于整体环境考虑的智能化设计来改变现状。

图6-18　德国大众汽车公司设计的奥迪A8汽车内饰

1. 智能化的"高设计"

为提高人们的生活方式而设计的高档产品在西方被称之为"高设计"，而在智能化的产品设计中除了不断创新产品使用上的功能外，其设计与生产成本不外乎会再次加大砝码，可以说智能化设计的发展是市场经济和消费理念的更新代替。不同的消费人群，不同的购买心理，不同的使用理念都会是推动智能化设计发展的又一动力。三星智能LED800电视，搭载了三星最新系统配合八核处理器，系统流畅度更高，在线视频资源包括的资源更丰富，有更多更好玩实用的APP，支持手机同屏操作，可玩度更高，自带摄像头支持体感游戏，并配有智能触感遥控器，使用更方便，如图6-19所示。

2. 智能化设计的未来化

设计的目的在于满足人们生活的需要，而现代都市人迫切需要的是一种短距离的追求和人情味厚重的产品使用环境。产品作为人们生活方式的物质载体，它必须在特定环境将人与产品联系于一体，以营造出一种和谐相容的居住氛围，让人们享受高端产品所带来的完美的使用感受。例如，iPhone系列智能手机，智能手机具有独立的操作系统，独立的运行空间，可以由用户自行安装软件、游戏、导航等第三方服务商提供的程序，智能手机的使用范围已经布满全世界，如图6-20所示。

图6-19　三星智能led800电视　　　　图6-20　智能手机iPhone系列（苹果公司，美国）

6.2.2   模糊化设计

在现阶段的设计领域，模糊化设计已渐渐成为了一种挑战传统的设计风格，产品的功能与形式上的模糊性使产品的使用具有了更大的弹性空间和多功能性,达到资源的节约和可持续发展的目的。

1. 模糊设计提出的时代背景

对于产品设计而言它与其他产品一样具有鲜明的时代特征，即什么样的时代决定产生什么样的产品或设计，现代社会正处于一种"非物质社会"的社会形态，在这个社会中，大众媒体、远程通讯、电子技术服务和其他消费者信息的普及，标志着这个社会已经从一种"硬件形式"转变成为"软件形式"。一件好的设计作品可以触及人的心灵，而这种设计的缘由所在正是其表达的一种看似抽象的思想和情感。相对于客观世界的复杂性而言，它还有随机的不确定性，即模糊性，认识客观世界的过程与处理各种设计问题的不确定性是人们所要面对的。例如，布鲁塞尔设计师Big game的模糊设计作品，如图6-21所示。

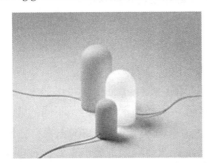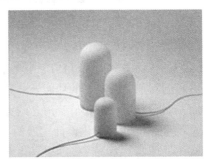

图6-21   布鲁塞尔设计师Big game的模糊设计作品

2. 模糊设计的研究与应用

在设计过程中利用相关的模糊理论或模糊技术，以现代人的生理或心理需求作为设计的出发点可称之为模糊设计。在这种情况下，设计立即转变成一个更为复杂和更多学科的活动参与，这种设计的改变主要体现于产品使用环境和体验用户之间，同时对于产品的设计而言最重要的就是处理产品与用户之间的关系。

3. 模糊设计的研究发展方向

工业设计的发展是以灵活性对抗复杂性，或者说是以灵活性对抗混乱性，从很少的概念中发生无数的变体，这就是研究模糊设计和未来进行研究的发展方向。

5.2.3   概念化设计

在高新技术快速发展的现代社会，概念设计以一种特有的思维方式与设计理念改变着人们的生活，并影响着人们的生活方式和生活质量。在产品设计、广告设计、家居设计、建筑设计、环境艺术设计等多领域都出现了概念设计的身影。

1. 概念的设计思想与实施

现代传媒及心理学认为：概念是人对能代表某种事物或发展过程的特点及意义所形成的思维结论。概念设计是利用设计概念并以其为主线贯穿全部设计过程的设计方法，它通过设计概念将设计者的感性认知和瞬间思维上升到统一的理性思维从而完成整个设计。美国苹果公司所设计的一款零排放的iMove 2020年的苹果概念车打破了原来的设计模式，如图6-22所示。这款汽车的设计思想在于打破传统的汽车概念，以设计语言和品牌为主打，从苹果的设计产品中或得灵感并付诸实践。

图6-22　意大利的汽车设计师Liviu Tudoran设计的名为"iMove"的苹果概念车

2．未来概念设计产业的发展趋向

未来概念设计产业的发展趋势是将引领人们通向一个有创新性的、物质和精神产品极其丰富的世界。概念设计将是人性化、绿色、健康、环保、节能的设计，并赢得消费者在情感上的共鸣与认同。同时"乐活"精神将是人们生活的概念体现，它不仅为人类生活而服务，更为未来生活创新完美。法国设计师福莱特设计的Nike slip-on梦幻跑鞋，如羽毛般轻盈的鞋面，以全方位的贴合灵活性提升双脚的步态流畅性和自然感，更出众的透气舒爽穿着感受为你摆脱双脚束缚，助你尽情施展速度优势，如图6-23所示。

6.2.4　情感化设计

美国西北大学计算机和心理学教授唐纳德·诺曼曾这样说："产品具有好的功能是重要的，产品让人易学会用也是重要的，但更重要的是这个产品要能使人感到愉悦。"情感化的产品设计正是意在扭转功能主义下技术凌驾于情感之上的局面，使得以物为中心的设计模式重新回归到以人为中心的设计主流上来。产品的情感化设计不仅是一种附加在人的心理层面需要的设计理念，同时它还将人在使用产品过程中获得的愉悦的审美体验与感受传递出来。墨西哥设计师valentina glez wohlers设计的多刺对椅，并置了墨西哥的代表性植物仙人掌元素和欧洲的时尚设计美学，这种文化上的混合呈现出一种别样的设计感觉，像是欧洲宫廷座椅的墨西哥联想，如图6-24所示。

图6-23　法国设计师福莱特设计　　　　图6-24　墨西哥设计师valentina glez wohlers
的Nike slip-on梦幻跑鞋　　　　　　　　　设计的多刺对椅

1．"以人为本"的情感化设计

产品的情感化设计作为人性化设计的组成部分，在细节层面上更加关注与满足人们情感上的需求。外观设计的卓越感、操作使用的人性化、细节注重的情感化，无时不在提高着产品给人们使用带来的轻松愉快的心理享受和情感互动。哈弗设计的Back4灯具，活灵活现的小动物彩灯，让你的家居充满甜蜜、温馨的味道，如图6-25所示。

2．"个性时代"的情感化设计

产品的情感化设计是将设计者建立在不同适用人群的基础之上。不同的使用人群都有其不同的个性体现，可以说对情感的个性追求是对精神释放的最好表达。物质均质化的方式逐渐被个性消费的生活方式所替代，年龄、性别、背景、经历、情感等诸多因素引导着人们独特的消费需求。

3．"未来时代"的情感化设计

情感化的意识层面是依赖于本质层面而存在的，就如同人们对自我形象的表达与对尊重的需要一样，都是建立在人们自身本能与所具有的知识框架之内，而群体层面的情感化设想会将情感化的产品设计引入不同的趋向差别化，只有清楚地理解与影响适用人群的情感因素，将产品的设计理念有的放矢，才能更好的用情感化的设计去感动人。设计师特谢拉设计的无线mp3播放器，柔软的表面和无线控制让你使用起来更轻松，让在听MP3的时候绝对不有线来干扰你，如图6-26所示。

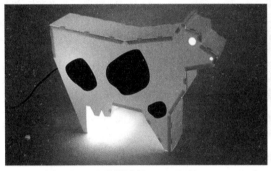

图6-25　哈弗设计的Back4灯具　　　　图6-26　设计师特谢拉设计的无线mp3播放器

6.2.5　体验设计

随着现代设计的发展，人们所追求和期待的物质生活方式也在逐渐改变，尤其是在对家用产品的使用上，从之前的功能使用到现在的情感使用，再到对产品的体验使用，可以说如今的设计理念已完全步入到了更加感知化、生活化、贴切化的情感心理，同时更能激发设计者与使用者之间的情感互换，为此，体验设计的价值将毋庸置疑的摆在人们面前。例如，rigo Design的触摸下拉式"折纸"式菜单，在触摸界面中可以将折叠使用在滑动分层上，即将上一层的信息折叠下来，展示下一层的内容，是一种很有创意的交互方式，如图6-27所示。

1．体验设计的理念

谢佐夫在著作《体验设计》中这样阐述："体验设计是将消费者的参与融入设计中，是企业把服务作为舞台，产品作为道具，环境作为布景，使消费者在商业环境过程中感受到美好的体验过程。体验设计以消费者的参与为前提，以消费体验为核心，几层意思恰恰对应旅游规划中的设计，最终使消费者在活动中感受到美好的体验。体验设计是不断发展的一种成长方式，是一个动态演进的关联系统化成长方式，这样的一个创新成长方式也是情景体验中，比较经济的体验方式，在这个崭新的实战领域内，是最需要的，最富有创造激情和想象力的设计"。体验设计的关键因素在于增加消费者对产品的感官体验，利用视觉、听觉、嗅觉、触觉、味觉5种刺激能够产生美的生理满足与心里享受，激发对产品的购买欲望。

2．体验设计中的视觉传达

视觉捕捉产品的颜色、外观、形态、大小等客观特征，产生包括体积、重量和构成等有关物理特征的印象，所见使人们对物品产生一定的主观印象，所有这些理解都源于视觉，并形成体验的一部分。例如，美国苹果公司设计的ipad3，是对iPad所有精华的浓缩，而非只是精简，配备 Retina 显示屏，对机身各处组件进行了最大程度的精雕细琢，使其保持纤薄轻巧的本色，如图6-28所示。当代美国视觉艺术心理学家布鲁默说："色彩唤起各种情绪，表达感情，甚至影响我们正常的生理感受。"在设计中，对于色彩的运用已经成为设计师的重要语言形式。色彩与形态恰到好处的配合，能够给视觉感官带来独特的享受及心理上的全新体验。

图6-27 rigo Design的触摸下拉式"折纸"式菜单　　　图6-28 美国苹果公司设计的ipad3

3．体验设计中的触觉传达

触觉同样有助于人们形成印象和主观感受，产品设计中触觉语言的使用也可带来体验的价值。触觉较视觉而言显得更为真实和细腻，它通过接触感受目标，获得真实的触觉。日本著名设计大师黑川雅之先生曾经在他的设计创意中，推出了一系列大量采用新型橡胶材料制作的产品，这些产品表面犹如人体肌肤般细腻柔和的触觉，给人以一种感性的体验享受。

4．体验设计中的听觉传达

作为产品价值的另一体现，声音也同样扮演着重要角色，产品通过听觉与顾客沟通，这是一种其他感觉都不能及的体验方式。美国《华尔街日报》曾经刊登一篇名为《声学是豪华轿车的前沿》的文章，讲述了豪华轿车行业为了追求卓越而对声学工程的开发利用。像奔驰、宝马、福特等公司都力图为客户提供一种更好的驾驭体验。例如，宝马发动机发出赛车式的咆哮声，似乎成为一种品牌的主打声音，同时宝马也将消除杂音作为品牌的体现，可以说这些无微不至的设计就是宝马汽车能给人带来无与伦比的驾驭体验的原因所在。

5. 体验设计的发展趋势

使产品具有产生感知化的体验设计理念，将会增加人们对生活的感知欲望，并将产品融于生活之中。融合了五种感受的体验设计，加之对感官特性的设计理念，可以想象，体验设计将会成为引领未来设计的发展走势。

参考文献

[1] 王俊涛，肖慧. 新产品设计开发[M]. 北京：中国水利水电出版社，2011.

[2] 王俊涛，肖慧，宋志安. AUTO CAD辅助产品设计基础及进阶教程[M]. 济南：山东美术出版社，2006.

[3] 王俊涛，肖慧，高冲. 为老年人而设计[J]. PROCEEDINGS OF ZHE 2005 INTERNATIONAL CONFERENCE ON INDUSTRIAL DESIGN，2005：84-89.

[4] 沈祝华、米海妹. 设计过程与方法[M]. 济南：山东美术出版社，1995.

[5] 鲁晓波. 工业设计程序与方法[M]. 北京：清华大学出版社，2005.

[6] 蔡军. 工业设计[M]. 长春：吉林美术出版社，1996.

[7] 李乐山. 工业设计心理学[M]. 北京：高等教育出版社，2004.

[8] 王虹，张展，沈杰. 产品设计[M]. 上海：上海人民美术出版社，2006.

[9] 张凌浩. 产品的语意[M]. 北京：中国建筑工业出版社，2005.

[10] 张宪荣. 设计符号学[M]. 北京：化学工业出版社，2003.

[11] 肖慧，王俊涛. 手机按键设计分析[J]. 美术大观，2008.

[12] 孙运表，王俊涛，杨梅，宋玉凤. 工业设计模型制作与实践课题教学创新探析[J]. 美术大观，2008.

[13] 杨梅，韩文涛，肖慧，王俊涛，吕智强，贾乐宾. 产品设计表现[M]. 北京：中国轻工业出版社，2009.

[14] 李建中，曾维鑫，李建华，胡燕平，王俊涛，郭星，任卫红. 人机工程学[M]. 徐州：中国矿业大学出版社，2009.

[15] 张焱，刘婷，王俊涛，王一工. 工业设计原理[M]. 北京：中国水利水电出版社，2011.

[16] 宋玉凤，王俊涛，创意图形教学探讨——从造物到造像[J]. 设计教育研究，2008.

[17] 孙志学，延海霞，冯颖，王俊涛，白松楠，胡玮. 设计写生与实训[M]. 北京：中国水利水电出版社，2011.

[18] J.T.Wang, H.Xiao, M.Yang, Y.B.Sun, X.Y.Wang.Applications of Semiotics in Emotional Design.[J]. INTERNATIONAL VIEW·LOCAL DESIGN·MULTI-DISCIPLINE FUSION—CAID&CD'，International Academic Publishers Limited 2007:100-103.

[19] Juntao Wang, Hui Xiao, Liang Wang. Product Design and Development Based on Bamboo Culture[J]. Proceedings 2011IEEE 12th International Conferemce on Computer-Aided Industrial Design&Conceptual Design，2011：901-906.

[20] Juntao Wang, Hui Xiao, Liang Wang.Exploration on Color Environment Design of Blocks in Beijing City Abstraction.[J]. Advances in Civil Engineering and Architecture Innovation. TRANS TECH PUBLICATIONS, 2011（6）：3700-3705

[21] M.Yang, X.Zhang，J.T.Wang, K.Song.Kansei Engineering—Analysis and Application. [J]. INTERNATIONAL VIEW·LOCAL DESIGN·MULTI-DISCIPLINE FUSION—CAID&CD'，International Academic Publishers Limited 2007：174-177.

[22] Juntao Wang, Hui Xiao.Automatic Coal Mine Anti-dusty Water Sprayer Controller Design. [J]. 2010 Second International Conference on Future Computer and Communication，2010：571-573.

后　记

　　从书稿写作思路的形成，到最终敲定可谓费了不少周折，其实早有写作的打算，因为看到近些年来中国工业设计的迅猛发展，逼迫工业设计教育也必须跟上发展的大潮。再就是笔者对近十年工业设计教育的体会也想做个总结，算是对自己"老师"这个称谓最好的慰藉！十年磨一剑，亲历山东科技大学工业设计专业的成长，十年间从本科到硕士，直至山东省第一个工业设计博士点的申报成功；从一个普通的本科专业到成为山东省文化艺术科学"十二五"重点学科、山东省特色专业、山东省重点建设专业，其中自知酸甜苦辣。此书的出版也算是一个纪念吧！

　　受邀参与编写的同仁都是本学科建树丰硕的精英才俊，说服他们拿出大段的时间写作是何等的不易。最终成就此书他们功不可没。最后感谢我的父母妻儿，他们为我的工作与生活付出了很多！感谢龚臣、邓常博、蒋冬、刘双、王龙、吴立华、于慧珍、施静、赵雪、王玉娟、刁知三、王瑶瑶、范翔等同学在图片搜集、资料整理中所做的工作。希望我们热爱的工业设计行业蓬勃发展！如果读者在书中能"偶有所得"，便是笔者最大的愿望。

王俊涛于青岛灵珠山下

2015年4月